心理励志文丛 | 为心「疗伤」

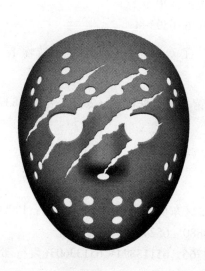

恐惧心理学
不怕才有机会成为赢家

—— 姜 雨/主编 ——

团结出版社

图书在版编目（CIP）数据

恐惧心理学：不怕才有机会成为赢家 / 姜雨主编
. —北京：团结出版社，2019.1
　ISBN 978-7-5126-6593-4

Ⅰ．①恐… Ⅱ．①姜… Ⅲ．①恐惧-通俗读物 Ⅳ．
①B842. 6-49

中国版本图书馆 CIP 数据核字（2018）第 206837 号

出版：团结出版社
　（北京市东城区东皇根南街 84 号　邮编：100006）
电话：（010）65228880　65244790（出版社）
　　　　（010）65238766　65113874　65133603（发行部）
　　　　（010）65133603（邮购）
网址：http：//www. tjpress. com
E-mall：65244790@ 163. com（出版社）
　　　　　fx65133603@ 163. com（发行部邮购）
经销：全国新华书店
印刷：三河市金轩印务有限公司

开本：640 毫米×920 毫米　16 开
印张：15
印数：5000 册
字数：200 千字
版次：2019 年 1 月第 1 版
印次：2019 年 1 月第 1 次印刷

书号：978-7-5126-6593-4
定价：39. 80 元

前　言
Preface

　　恐惧是人类从祖先那里"继承"而来的情绪，经过了亿万年仍然存在；不管是原始部落，还是文明的当代人，都摆脱不了恐惧。对于人类整体而言，恐惧是根深蒂固的、普遍存在的，所有人都无法摆脱。

　　心中的恐惧很难克服，但并不是不能克服，只要我们努力了，就会有效果的，即使不能彻底克服恐惧，至少也可以使之减轻一些。有一位伟人曾经说过："对很多人来说，恐惧是一道障碍，阻碍了大家的发展，而事实上，它只是一种幻觉，任何恐惧都只是幻觉，你以为面前的东西很可怕，其实那压根儿也不存在——你必须竭尽全力去争取成功的机会。"

　　在恐惧的困惑中，人们常会做出一些过激的行为——如辞掉工作、伤害亲人、破坏婚姻等。如果能在此之前，走出恐惧的牢笼，通过自我的心理调节，让自己不再恐惧，战胜自我，勇敢去面对，你会发现很多事情并没有我们想象中的那么糟糕，从而避免走向极端。

当然，任何事物都有两面性，例如机会常常伴随着危机而来。人生正是如此，当你处在最危急的关头时，机会往往会随之而来；而当你处境艰难险恶时，曙光也即将照耀你人生的殿堂。正所谓"山重水复疑无路，柳暗花明又一村"。面对困难，恐惧只能使你走向失败，只有勇气才能引导你走出逆境。世界上没有什么比勇气更美好，更有力量，也没有什么比怯懦更残酷无情。我们常常在事件未发生时，就幻想出事件种种悲惨的结局而不必要地自寻烦恼，杞人忧天，其实对事情结局的恐惧比事情本身更可怕。恐惧只能导致事情的结局更糟，而镇定沉着往往能克服最严重的危险，使事情化险为夷。对一切祸患做好准备，那么就没有什么灾难值得害怕了。生活是一面镜子，当你向它微笑时，它也会向你微笑；如果你双眉紧锁，向它投以怀疑的目光，它也将还你以同样的目光。因此，恐惧是心魔。

本书从认识恐惧、心理预警、自我掌控、揭示真相、勇于行动等九个方面对恐惧进行深度剖析，让读者彻底了解恐惧的真实面目，以及如何对应与克服恐惧。通过阅读本书，你的心理承受能力将得到提高和进一步加强，并且敢于有计划、有步骤地接近那些曾让你恐惧的事物。到那时，你将发现，它们其实并没有想象中的那样狰狞可怕；继而你将会与那些所谓的"危险"和平共处，直至彻底化解它们，重新找回本应属于你的自信。

目 录

Contents

第一章 认识恐惧：
一种普遍存在的情绪

第二章 抽丝剥茧：
我们为什么会感到恐惧

第三章 心理预警：
提前建立应对恐惧的机制

第四章　自我掌控：
摆脱恐惧其实并不难

第五章　揭示真相：
你别再吓唬自己了

第六章　勇于行动：
跟真正的"自我"在恐惧中相会

第七章　社交恐惧：
每个人都不是完美的

第八章 享受宁静：
克服孤独带来的恐惧

第九章 沉着对应：
克服工作中的恐惧

第一章　认识恐惧：
一种普遍存在的情绪

　　每个人都曾担惊受怕过，都曾忐忑不安过；每个人都不想面对恐惧，但却又不得不面对。其实，恐惧是一种强烈的心理体验，是由心理作用引起的系列身心变化，从某种程度上讲，它是人类心理应变的一种本能。而了解恐惧产生的原因和表现，就可以从根本上战胜它。

什么是恐惧

恐惧是人类及生物的一种心理活动状态，是指人们在面临某种危险情境，企图摆脱而又无能为力时所产生的担惊受怕的一种强烈压抑情绪体验，通常被认为是情绪的一种。恐惧心理就是平常所说的"害怕"。恐惧产生时，伴着一系列的生理变化，出现心跳加速、呼吸急促等生理功能紊乱的现象。恐惧还会使人的感知、记忆和思维等心理过程发生相应的障碍，丧失对当前情景综合分析、证明判断的能力，并可能会导致行为失常。

恐惧基本贯穿一个人的一生。婴儿时期害怕与母亲分离；到了上幼儿园和小学的年龄有学校恐惧症，期末考试后害怕自己的成绩不好，可能怕蛇、怕虫子，这些恐惧在成人以后还可能继续存在。成年人因为生活范围比较大，所以可能有更多的恐惧，就社交恐惧来说，几乎每个人都与这种恐惧沾边；工作压力大的时候害怕加班，突然闲下来的时候又会害怕没事可做；到了结婚的年纪还可能患上婚姻恐惧症；生病和年老的时候害怕分离和死亡……

这些几乎是每个人都要经历的恐惧，然而可能有一些人因为各种原因，恐惧的对象要比上面提到的还要多。有些恐惧是大自然赋予我们的，例如：风雨雷电、黑夜、火山、地震灾害等；有些恐惧是我们自己强加给自己的，比如：对新事物的恐惧、对未来的恐惧、对不存在的鬼神的恐惧、对歧视的恐惧等。从这里可以发现，恐惧伴随人的一生。

恐惧和疾病一样，都是有时代性的。人们在刀耕火种的年代，肯定不会恐惧患上高血压；然而，人们在原始社会的时候，可能害怕大型凶猛的食肉动物，害怕被饿死，害怕遇到有毒的动植物。不过在现在的环境中，如果不是去动物园或者森林，基本上看不到真实的老虎，老虎给人的恐惧就不存在了。

古人认为日食、月食都是不祥的征兆，因而感到极端的恐慌，但现在大家都知道这是正常的天文现象了，没有人对此感到害怕。

在20世纪，社会对一些疾病的宣传比较多，所以有了"艾滋病恐惧症"这样的词语。

当人们在灾难面前无能为力的时候，对灾难的恐惧非常严重。但像日本这样的国家，经常有地震发生，日本人民应对灾难的经验增加了，在地震来临时懂得如何保护自己，所以他们对地震的恐惧要小一些。

面对如今紧张的生活节奏和巨大的工作压力，幽闭恐惧症的人多了，社交恐惧症的人多了。

在没有手机的时候，何谈手机恐惧症。然而，现在手机恐惧症是非常普遍的。

从这些形形色色的恐惧中可以发现，生活中存在的危险事物可能成为我们恐惧的对象，但随着知识的增长和能力的提高，这些恐惧逐渐不具备恐惧的性质了。与此同时，新的恐惧也因为社会环境的变迁而产生。也就是说，某一种恐惧可以消失，但新的恐惧也将可能出现。人们根本不能将所有的恐惧都消灭。

恐惧不因为谁是普通人而多加光顾，也不因为谁是名人、伟人而望而却步。曾经有一位纽约市市长在市民面前表现得无所畏惧，但他说他学习踢踏舞的时候特别害怕。一位经常出现在公众视线中的人害怕踢踏舞，似乎是一件不可思议的事情。但这却是事实。还有一些在人类历史上留下重要足迹的人，也有他们自己所害怕的事物，法兰西帝国皇帝拿破仑害怕猫，罗马帝国皇帝日耳曼尼斯库害怕鸡……

可以毫不夸张地说，恐惧感是人永远也不能摆脱的情绪之一。人总要面对危险，面对挫折，在失意的时候感到痛苦和恐慌，感到紧张和不安。恐惧有的时候是人的天敌，它摧毁人的身体和精神；有的时候又是人的保护者，让人们戒备危险，提前做好准备。不管恐惧以怎样的面目出现，不管它对人们有什么影响，它始终存在于我们的生活中。

什么人容易恐惧

虽然恐惧感是一种非常普遍的心理，但恐惧感更加"青睐"某些群体。从人的生理角度看，那些脆弱的人比较容易产生恐惧感。社会文化作用，使得女性比男性更容易产生恐惧感。

科学家发现，哺乳动物中总是存在一些脆弱的群体，比同种族的其他动物胆小。有 20% 的加勒比猴子比它们的同伴容易受惊。人类中也存在类似的现象，一些婴儿在将近两岁的时候胆小，他们中的 75% 可能在 7 岁的时候仍然胆小，而长大以后患上社交恐惧症的可能性要比其他同龄人大得多。这些容易患恐惧症的脆弱群体，并不一定都是天生的胆小者，他们有的只是情绪过于敏感。心理学家发现：总人口中的 20% 属于有"敏感"的体质，他们对各种刺激产生反应的底线比较低，因此在他们身上很容易形成条件反射，而且条件反射一旦形成就难以消退。"敏感"并不是一个贬义词，只能说明这个群体对情绪的反应比较敏锐。科学家们对一个群体做了三年的跟踪调查后发现，对焦虑情绪敏感的人患恐惧症的概率是平常人的 5 倍。

不管是什么恐惧症，女性都比男性的数量多。

有的心理学家从体制和有利于进化的角度解释这种现象。在原始社会中，男性负责打猎和争夺食物，如果男性表现得过于懦弱，经常表现得过于恐惧，则显得没有能力，他以及他家人的生存就会受到威胁。女性不需要参加过于暴力的活动，因此不需要面对诸多恐惧。长久下去，男性在面对恐惧时要比女性镇定得多。

从心理学角度分析，女性比男性更容易感到恐惧的原因有两点，一是女性属于情绪敏感的群体。女性敏感的情绪让她们过多地猜疑和思虑，很容易出现情绪性障碍，患上恐惧症的概率要大一些。二是社会文化将女性培养得更容易感到害怕。在 2 岁以前，儿童情绪的性别差异并不大。但在儿童 3 岁的时候，父母就开始有意识地培养孩子的社会性别了。在成人眼中，男孩子应该是勇敢而刚强的，必须具有大胆的品质；女孩子是文弱而温柔的，表现出害怕也并不是一件丢人的事。当男孩子看到蟑螂而感到恐惧的时候，父母会教育他："男子汉大丈夫，怎么连个蟑螂也怕！"父母鼓励男孩勇敢地面对恐惧、战胜恐惧。但同样的情形放在女孩子身上，父母的态度可能就变了，他们安慰自己的女儿："不怕！不怕！我们离它远远的！"因此女孩子被培养得胆小而不敢面对恐惧。一般来说，如果父母看到自己的儿子表现得"天不怕、地不怕"，会表现出赞许，看到女儿过于胆大，甚至会感到担忧；看到男孩胆小害羞，会表现出失望，看到女孩害羞，则表现得比较宽容。也就是说，人们长期以来对男女社会性别的认识培养出了胆大的男孩和胆小的女孩。

除了体制和性别因素外，恐惧症对一些有着特定性格的人表现得"情有独钟"。例如，过于追求完美的人容易患上社交恐惧症。因为他们无法容忍自己表现得不好，在与人交往的时候过于注重自己的行为，以至于长久发展下去形成了害怕见人的性格。自卑、缺乏自尊、不够自信的人也是社交恐惧症患者的一大特质。不管哪一种特殊的恐惧症，那些喜欢进行灾难化思考，也就是凡是总往坏处想都是恐惧症患者的特点。

有灾难化思维的人总是善于发现危险，虽然他们发现的危险本身构不成危险。例如，这些人看到狗，就想到被狗咬，虽然他从来没有被狗咬过，虽然他所看到的狗只是一只小型宠物狗。进行灾难化思考的人经常主动搜集可能让他感到恐惧的资料，并且只关注资料中提到危险的那一部分内容。比如，有这样一则新闻，某商场的一部自动电梯突然发生了事故，现场曾一度恐慌，但没有人员伤亡。进行灾难化思考的人会关注"突然发生事故"这部分内容，从此认定电梯是不安全的，所以不坐电梯，也尽可能不去逛商场。"没有人员伤亡"这部分内容则被他们有选择地忽略了。灾难化思考的人将精力放在"灾难"有多恐怖上，而且认为自己在"灾难"面前是无能为力的。例如，一名求职者在面试中发现面试官总是故意找茬，他就反复思考面试官为什么这么不善，至于怎样回答问题，则是他们没有及时考虑到的。

哪些人容易对某一种特定的事物产生恐惧，或者患上某一种恐惧症，与他们的生活环境有关系。需要每天乘电梯的人有对电梯产生恐惧的可能；经常加班、工作压力比较大的人可能患上节后恐惧症或者假日恐惧症；沉溺于网络，在现实生活中缺少人与人之间面对面交流的人有可能患上社交恐惧症；女性和老年人容易对年龄产生恐惧……这些恐惧感的产生是比较有针对性的，如果没有生活在特定的环境中，与这些事物没有交集，就没有产生恐惧感的可能。另外，当人突然受到沉重的打击时，例如亲人离世、与人发生了非常不愉快的争吵、被人给了特别差的评价，心理承受能力可能会变弱，这期间是比较容易产生恐惧感的时间。

恐惧对人的危害

恐惧是一种人们非常常见的情感和情绪，正常范围内的恐惧对人的危害并不大，夸张的恐惧可能对人造成非常严重的影响。强烈的恐惧困扰人的精神，可能会让人患上精神性疾病生理性疾病，甚至恐惧症可能让人有自杀的倾向。恐惧可能让人患上身心疾病这一点已经被医学研究证实了。

人在恐惧时伴有很强的焦虑性情绪，这就很有可能发展成焦虑症。强迫性恐惧可能发展成强迫症，过于担心自己的恐惧情绪可能患上抑郁症，这些都是由恐惧导致的精神性障碍。

怀疑也有可能是由恐惧情绪发展而来的。人们对于自己恐惧的事物总是有躲避的倾向，当处在一个陌生的环境中时，经常怀疑这个环境是不是隐藏着令自己害怕的事物。此外，人在恐惧之下会有多种多样的身体反应，过分关注自己这些生理反应的人就会怀疑自己患上了某种疾病，比如当人在恐惧的状态时，可能会感到心跳加快、呼吸急促，他就会想到"我是不是患上了心脏病"或者"我怎么感觉自己有了哮喘的迹象"，越是在意自己的身体感受，就会越来越深信自己患上了重病，因此便去医院检查，经过检查后发现，没有患上自己所担心的疾病。但心跳和呼吸异常是切身感受到的，因此便怀疑医院的检查不仔细，从而经常求医，但检查结果始终显示没有患病。

除了精神性疾病直接与恐惧有关以外，身体上的疾病也与恐惧有关。人在恐惧时身体的不舒适被称为植物神经功能紊乱。主要表现有：出汗、肠胃不适、呕吐、腹泻、胸闷气短、大小便失禁、头痛、头晕、心烦等。另外，身体的免疫力可能因为恐惧而下降。即使恐惧的情境过去以后，人们再次回忆当时可怕的事物时，同样可能出现身体上的不适或者疾病。严重的恐惧甚至会让人产生"一死了之"。

契诃夫有一个短片小说名叫《一个小职员之死》，里面讲到一个小职员是怎样死于自己的恐惧之下的。

故事的主人公名叫切尔维亚科夫，是一个小职员。在一次看戏的时候，切尔维亚科夫看到有个老人在擦脖子，嘴里还骂骂咧咧的，切尔维亚科夫认出了这是一个在交通部任职的三品官。他感觉是自己的喷嚏飞溅到老人的脖子了，本着礼貌的原则，他前去道歉。走过去以后，切尔维亚科夫贴着那名官员的耳朵说："对不起，请您原谅我，我刚才打了个喷嚏，可能溅到您身上了，请您不要介意……"官员说："没关系，没什么大不了的。"

此时，切尔维亚科夫认为对方没有原谅他，因此再一次诚恳地道歉："请您一定要原谅我，我不是故意的……"这名官员感到不耐烦，于是大声说道："你快坐下看戏吧，不要再说了！"切尔维亚科夫的惶恐感不断上升，他认为这名官员一定会记恨他，因此自己的前途将一片黑暗。

回到家以后，切尔维亚科夫将这件事告诉了妻子，妻子认为他应该在上班的时候到官员的办公室去道歉，切尔维亚科夫赞同妻子的看法。

第二天是上班的日子，切尔维亚科夫来到了官员的办公室，对那名官员说道："请您一定允许我诚挚地向您道歉，昨天的事我不是故意的，看在上帝的面子上……"官员打断了他的话，因为官员的下属在汇报工作，被下属们知道上司被唾沫溅到会让上司很没面子，所以官员愤怒地向切尔维亚科夫大吼："你不要再道歉了，我已经知道了，我已经原谅你了，现在请你立刻出去！滚！"切尔维亚科夫认为官员还是没有原谅他，否则怎么会对他态度如此恶劣？于是他决定第二天在没人的时候再次去道歉。

果然，到了第二天，切尔维亚科夫又出现在办公室了，他非常卑微地说："对不起，大人，那天的事情是我不对，我已经深深地反思了，我太鲁莽了，我有失绅士的涵养，请您一定要原谅我……"这个时候，官员已经认为自己的忍耐力到达了极限，从来没有见过这样难缠的人，于是把切尔维亚科夫轰走了。

官员的行为让切尔维亚科夫确信，自己仍然没有被原谅，于是他几乎每天都找机会去道歉。一个星期以后，当切尔维亚科夫在办公室道歉的时候，这名官员被他折磨够了，于是将桌子上的文件甩在切尔维亚科夫身上，并让几个卫兵将他拖出去。在回家的路上，切尔维亚科夫的心碎了，他认为他彻底得罪了那名大人，他艰难地向前迈着沉重的步子。到了家里以后，他一头倒在沙发上，然后……死了。

小说对故事的叙述可能有夸张的成分，但在现实中，人在恐惧之下精神备受折磨，当人的精神被折磨到极限的时候，就已经濒临死亡了。所以，极度的恐惧导致死亡是存在的。

形形色色的恐惧症

恐惧症可以简单地表述为不切实际的、非理性的恐惧。人们恐惧的对象非常多，因此也就出现了形形色色的恐惧症。心理学家根据人们恐惧的对象，将恐惧症分为三类，分别是特殊恐惧症、社交恐惧症、广场恐惧症。另外，还有一些比较有"创意"的恐惧症，属于新发现的恐惧症，我们将它们统称为"其他恐惧症"。

特殊恐惧症的恐惧对象是某一种具体的事物。对猫、狗、老鼠、蝙蝠、蟑螂等的恐惧可以称为动物恐惧症；对风、雨、雷、电等的恐惧可以称之为自然现象恐惧症。特殊恐惧症还包括幽闭恐惧症、交通工具恐惧症等。在所有的恐惧症中，特殊恐惧症对人的伤害是最小的，因为人们可以通过避免与恐惧对象的接触而保持正常的生活状态。美国的一项调查显示，这类恐惧症的女性患者数量要比男性患者数量大很多，一般多发生在青春期或者成年早期。特殊恐惧症的特点比较明显，主要是过分夸大对所害怕事物的恐惧感，在恐惧时的生理反应非常强烈，在心理上习惯于忽略令人感到安全的事物，过分关注令人感到不安的事物等。

社交恐惧症是一种非常广泛的恐惧症。一项调查显示，社交恐惧症的终身患病率为3%~13%。社交恐惧描述的是在交往中感到的紧张、焦虑、担忧等情绪。根据在社交中的不同表现，还可以分为赤面恐惧症、余光恐惧症等。社交恐惧症对人的危害非常大，社交恐惧症患者逃避社交，这让他们失去了一些朋友，同时也不利于他们的心理健康。

广场恐惧症是指在公共场合或者开阔的地方停留而产生的极端恐惧。广场恐惧症患者避免去人多或者空旷的地方，这对他们的生活也会造成一定的影响。

心理学家们对这些恐惧症的原因、症状、克服方法研究得比较透彻。但随着人们的生活越来越丰富多彩，人们产生了一些新的恐惧感，出现了新的恐惧症，这些恐惧感和恐惧症与人的生活关系密切。

移动信号消失恐惧症是由英国某科学家发现的。现代生活中人们已经离不开手机了，人们处在移动信号没有覆盖的地区时会感到恐慌。这位科学家发现，有一半的英国居民有这种恐惧症。

无手机恐惧症非常常见。捷克心理学家发现，85%的16~65岁的人拥有手机，手机在通信中的地位非常重要。现在移动网络越来越发达，让人们对手机的依赖有增无减。没有手机将给人造成很大的困扰。人们担心手机突然断电，害怕手机信号突然中断，担忧有未接的来电和未查收的短信……种种迹象表明如果没有手机，人们会感觉自己的生活将会变得一团糟。手机恐惧症可以理解为害怕突然离开手机而产生的恐惧。

掉头发也能成为一种恐惧症。患有这类恐惧症的人非常担忧自己的头发脱落。如果看到掉在衣服上或者地上的头发，他们就会感到恐慌。这种恐惧可能与人们承受的巨大压力有关。

镜子恐惧症是一种产生于个人内心的恐惧。患有这种恐惧症的人害怕看到镜子，同时也害怕看到镜子中的自己。心理学家认为，这些人之所以不敢照镜子，可能是不敢直视自我的表现，他们害怕将自己暴露出来，所以极力回避镜子中的自己。如果这种症状得不到及时医治，最后甚至有可能造成自我封闭。

患失眠恐惧症的人大多是一些需要承受巨大压力的人。例如，高三的学生面对高考的压力，大四的学生面临找工作、考研、考公务员的压力，都市中的白领面临的压力更多。在诸多压力袭来的时候，这些人有过一次或几次失眠的经历，从而对自己能否睡个好觉异常担忧。在不断的心理暗示下最终形成了失眠恐惧症。本来只是偶尔失眠，最终却形成了经常性失眠。不但入睡困难，而且在睡觉的时候容易惊醒，半夜出虚汗。白天工作或者学习的时候变得焦躁、容易发怒。

密集物体恐惧症已经变得越来越常见了，患有这种恐惧症的人对凹陷的密集物体、平面的密集物体、突出的密集物体都会感到恐惧。所以，莲蓬头、蜂窝煤、蜂巢、密集的昆虫都会令他们害怕。实际上，这些密集的物体并不可怕，但他们在看到以后还是会感觉到头晕目眩，这可能有遗传方面的原因，也可能与心理或生理有关。

以上这些恐惧症是比较常见但还不能称得上稀有或者奇怪的恐惧症。有一些新出现的恐惧症却显得匪夷所思。例如：胡须恐惧症、黄色恐惧症、婆婆恐惧症、午饭恐惧症、过马路恐惧症、好消息恐惧症、跌倒恐惧症、冲动行为恐惧症、穿衣恐惧症、高科技恐惧症、长单词恐惧症、吉祥物恐惧症……这些虽然都冠上了"恐惧症"的名头，但它们实际的破坏力未必达到恐惧症的标准，只是人们的生活因此而受到了一定程度的影响，所以才给了它们"恐惧症"的头衔。

适度的恐惧感可让人超常发挥

恐惧给人带来的害处要远比好处多，不过有的时候恐惧未必是一件坏事。如果恐惧感只是轻微的、适度的，没有达到让人崩溃的程度，人们是能够从这种恐惧中受益的。

拿破仑在一次打猎中听到有人在求救。他跑到河边看到那人正在水中挣扎。一般人看到这个场景的反应是跳入河中将人救起，但拿破仑的做法完全相反。他向河里开了两枪，大喊："你自己爬上来，不然我就开枪杀了你！"落水的人感到更害怕了，于是忘记了自己不会游泳的事，全力挣扎爬上了岸。上岸后，他质问拿破仑："你怎么不但见死不救，而且还落井下石！"拿破仑说："我也不会游泳。"看到落水者愤怒的表情以后，他继续说："你应该想一想，如果我不吓唬你，你能爬上来吗？"这时，落水的人无话可说了，因为他突然发现拿破仑说得很对。

可见，人在恐惧的事物面前，潜力将爆被激出来，平时很难做到的事也许在这时都可以轻易地做到了。

恐惧刺激人们超常发挥的事例在日常生活中是非常常见的。

对于演讲而言，恐惧是一种非常常见的心理，但只有那些善于利用自己恐惧感的人才能在台上发挥好。如果演讲者不善于引导这种恐惧感，被恐惧感控制，那么可能就出现肌肉痉挛的情况，直接结果就是表达不清晰、不流畅，那么这次演讲注定不会取得好的效果。对于考试也是如此。不管一个人经历了多少次考试，在比较重要的考试中仍然会感到恐惧和紧张。适度的恐惧感让人能集中注意力，很快地进入考试状态，同时恐惧让人的大脑高速运转，提高人的思维和反应速度，在考试中超常发挥。此时，恐惧感是一种推动力，而不是一种阻力。运动员在比赛中也需要一定的恐惧感才能发挥出较高的水平，因为当运动员感到恐惧的时候，肌肉有一定程度的紧缩，这能激起他们的潜能。不过，演讲、考试、比赛中能让人发挥好的恐惧都不是被无限放大的恐惧，而是轻微的、适度的恐惧。泛滥的恐惧必然会让人不能发挥出正常水平。所以，当我们感到恐惧的时候，不要任恐惧的情绪自由发展，也不要试图消灭它，而是留住一点，让自己因为恐惧而思路敏捷，比平常表现得更好。

恐惧促使人在紧要关头超常发挥的例子在历史上也非常常见，波斯帝国中的大流士上台就是一个典型的案例。

在大流士还没有上台的一段时间内，祭司高墨达假装国王主持朝政。这位假国王为了不被发现，很少出现在人们的视野中。但原来国王的一位宠妃发现了国王是假扮的，因为高墨达的一只耳朵被割掉了。这位王妃把这件事告诉了她父亲，希望她父亲能够组织人员推翻假国王。王妃的父亲把他的 7 个亲信召集起来商量对策，这些人中有的认为打倒假国王是一件危险的事，便想着向祭司告密，也就是向假国王告密。此时作为 7 个亲信之一的大流士当机立断地提出当晚就发动政变的建议。于是这 7 个深感恐惧而又没有充分信任的人开始谋划他们的"大业"。当天晚上这 7 个人进入皇宫刺杀假国王，假国王在与他们争斗的过程中藏到了密室中，密室中漆黑一片，什么都看不见。有一个亲信在暗中与假国王打斗，但其余 6 个人不敢上前帮忙，因为他们害怕自己一不小心误伤了同伴。格斗中的同伴向他们呼喊："用剑刺吧！不用担心误伤我，如果你们看不见，那就把两个都刺死吧！"这个时候大流士拔起剑就向两人刺去，非常幸运的是被他刺死的是假国王高墨达，他的同伴没有被误伤到。此后，大流士成为国王，并开始了波斯帝国著名的大流士改革，波斯帝国也在以后日益强大。

从这个密谋到发动政变的过程中可以发现，大流士做出当晚行动的决定时处在恐惧的状态，与假国王斯打的密谋者让同伴们将"两个都刺死"的时候也是处于恐惧状态，最终大流士在恐惧的状态下将假国王杀死。可见，人在恐惧的时候有一定的爆发力。不过这种恐惧必须有一个前提，那就是适度的恐惧，如果大流士和他同伴们的恐惧已经到了提着剑不敢动的程度，那么这次刺杀行动一定不会成功。

不要让恐惧成为绊脚石

对人类来讲，恐惧是一种十分重要的情绪体验。它可以使人们提高警惕，充分意识到已经面临的凶险处境或者不好的预感，根据经验在这种情况下，往往会有打击或伤害甚至不可预料的事情发生。恐惧促使人们迅速作出相应反应和选择：或者逃之夭夭，溜之大吉；或者全力以赴，一拼到底。

一位著名的旅游探险家曾经描述过一个同为探险家的伙伴战胜恐惧的例子。这位伙伴一个人在森林探险的过程中，有三匹饥饿的狼接近他，要向他攻击，当探险家看到三匹狼出现在他周围的时候，他首先感到自己的心脏开始急速地跳起来，然后是感觉自己的手、脚的血管都在紧张地收缩，接着，他全身上下的毛孔流出了细细的一层冷汗。然而正在这时他清醒地告诉自己，必须拼死一战，如果自己稍有松懈，就有被狼吃掉的危险。总而言之，探险家做好了一切准备，进入了神经紧张状态，聚集全部力量去摆脱危险的局面。通过勇敢与智慧，他终于摆脱了三匹恶狼。这个例子告诉我们，那个人有可能被狼吃掉的紧张恐惧使他临危应变，奋起抗击，因而拯救了自己的生命。逃脱几匹狼的追踪之后不久，那人的身体和神经便又很快恢复了过来。在遇到危险处境时，我们不能一味地恐惧，而应当让自己镇静，并迅速做出正确抉择，克服困难，逃脱险境。

恐惧通常包含三种因素：危险、无能和无助。危险是指受到攻击或者无力抗拒某种有伤害性的事物或现象，这种情况又往往能给人的身心带来伤害，此由感到恐惧的人来承担。无能是指可能受到伤害时，却不能避免伤害或者无力迎接挑战。无助是指危险或伤害发生时，根本得不到外界、他人任何有效的帮助。将组成恐惧的三个因素去掉其中任何一个，恐惧也将不会成为恐惧，因为已经没有恐惧和担心的必要了。

了解了上面的理论之后，就可以看出，森林中遇到几匹狼的那个探险家可以有几种消除恐惧的方法。首先他可以再也不去那片森林；其次，他可以同朋友们一起去森林，每个人都带上枪支弹药，这样他和朋友们也完全可以克服危险不再产生恐惧。

如果我们在日常生活中所面临的种种恐惧都只是像遇到森林中的狼群一样简单，那么，世界上的恐惧也就太容易消除了。但是，事情往往根本没有那么简单。

随着社会的发展，恐惧感越来越多地表现在身边的事情上，诸如就业问题、孩子发展问题、婚姻家庭问题、环境破坏问题、人类的最终命运等。这些问题不仅涉及个人的前途和命运，国家的发展，而且关系到整个世界、整个地球将来的变化。所有这些让人们产生恐惧感的问题不是一朝一夕所形成和产生的，而是逐渐产生，并一直困扰着我们。也就是说，有许许多多的问题，我们不可能立即通过某种途径，马上解除令我们恐惧的问题，从而达到无忧无虑的理想状态。我们的心理紧张、压抑实际是现代社会的产物，是社会给人类造成的。也就是说，它绝不可能像流行性感冒那样容易治疗。现代人类的心理恐惧感主要来自社会竞争的压力、环境的影响（如自然环境、居住环境等）以及对社会迅速变化、对未来的不可预测性等因素。消除心理恐惧，需要一个有准备、有计划的过程。

如果一个人的恐惧感十分活跃，经常会出现恐惧心理，那么，这个人就像我们的祖先一样敏感（祖先就是在与大自然斗争的过程中，不断产生恐惧感以此来保护自己，并生存繁衍下来的）。在遇到危险时，要做出祖先长期遗留下来的应对恐惧的决策和反应：或者同引起自身恐惧感的事物、环境作殊死的斗争；或者望而却步，迅速逃避。人类经过长期进化，已经具备比较发达的神经反应机制，当遇到一条大毒蛇、面对离婚的家庭解体以及可能失去饭碗……这些让人产生不同压力的事情时，人的神经反应原理都是一样的，都会不自觉地产生恐惧感。更严重的是，当摆脱了那些危险之后，人的神经机制对那些反应并不会轻而易举地迅速消失，这些恐惧会在心中留下"阴影"。同时，人的整个生理机制还会在相当长时间内处于一种高度的恐惧反应状态，并且这种状态会形成许多和心理紧张有关的疾病，甚至可能会引起其他心理、神经疾病的发生。

现实生活中的恐惧可以简单分为两种类型：一种是基于现实产生的恐惧，这种恐惧来的快，消退的也快；另一种基于精神创伤或者很久很久以前发生的事件，担心这种伤害的意识十分深刻以至于引起高强度的恐惧。对于第一种情况，解决起来相对容易一些，只要放松情绪就可以让恐惧消退，就好比受到了一次惊吓一样。而对于第二种，也就是在内心深处留下的恐惧，可以把压抑在内心深处的东西先表达出来，慢慢将其淡化。藏得越深对身心的伤害就越深，解决起来难度就越大。

　　恐惧是我们的敌人，但它也是我们的朋友。因为产生恐惧的目的是促使我们有足够的时间、能量去避免受到可能发生的伤害。但是当恐惧一旦干涉、干扰、压抑我们去实现人生价值时，它们就变成了我们的对手和敌人。因此，必须认真对待恐惧，从中学习，吸取经验教训，让它成为我们的保护神和好朋友。换句话说，不应该让恐惧成为我们人生成功路上的绊脚石，不应该让它成为我们生命中的一种累赘，我们可以通过调整自己的心态来趋利避害，从而站在恐惧之上，真正克服恐惧感。

第二章 抽丝剥茧：
我们为什么会感到恐惧

————◆◆◆————

　　害怕并不是因为胆小，即使最勇敢的人，也有恐惧的时候。恐惧是一种正常的心理应激反应，它可以帮助人们提高警惕、规避危险。但是，高频率、高强度，以及对特定事物的特殊恐惧，则会给人的身心带来不必要的损伤。事实上，我们所害怕的许多事物，都是我们自己塑造的"魔鬼"。

恐惧，焦虑的极致体现

艾玛对游泳有着莫名的恐惧。她有一个七岁的孩子，已经到了学游泳的年龄，但是艾码非常困扰，她不敢陪孩子一起去游泳，甚至阻止孩子去参加游泳训练。不知所措的她来到了心理咨询室。

心理医生与她进行一次交谈，鼓励她参加游泳聚会，说："游泳不会给你带来什么危险，参加游泳聚合是非常安全的。"

一个月之后，心理医生再次见到她时，她对心理医生说："按您的建议，我去参加了一次游泳聚会，就在上个周末。那种感觉好极了！在游泳池里与我的孩子一起玩耍、畅游，非常自在。"

心理医生疑惑地问道："难道你忽然对游泳不恐惧了吗？"

她回答："我也不知道，但是我觉得游泳池没有任何危险，我对它并不恐惧。"

心理医生问："游泳池有什么不一样吗？"

"当然不一样，游泳池的水很清澈。"

心理医生恍然大悟，其实她并不是对游泳产生恐惧，而是害怕河流、湖泊和大海这样不够清澈的地方，只要这些水没过她的膝盖，她都会因为看不到自己的脚尖而感到恐惧。当她身体的某个部位隐藏在未知的领域，她就会惊慌失措。

许多人同艾玛一样，对某些事物有着莫名其妙的恐惧，他们会尽量避开这些事物，以维护自己的安全感。大多数情况下，与他们的经历有。比如，有人吃过过期的鱼子酱之后引起了中毒，他可能永远都不会再接触鱼子酱了，因为在他的意识中产生了这样一个条件反射："鱼子酱是有毒的。"一些人则是通过对社会信息的接触而产生了恐惧感。比如对癌症的恐惧，多是因为接触到那些对癌症的宣传信息，而产生了"癌症根可怕，会带来死亡"的意识。事实上，患癌症的概率并没有我们想象中的那么高。还有一些人产生恐惧，则是由于小时候父母给他们的警告。比如，某个人至今不敢独自使用煤气，因为小时候父母经常制止他独自进入厨房，并对他说："当你一个人在厨房时，煤气灶会很容易爆炸。"他一直在这样的提醒中成长，到现在，尽管他知道这只是父母为了保证他的安全而说的谎话，他也对煤气灶怀有非常大的恐惧。

恐惧也是一种习惯性思维，随着我们接触越来越多可怕的事物，焦虑情绪会逐渐累积，恐惧就会慢慢壮大。人们的恐惧是经过长期习得而来的，它通常有着高度的选择性。比如，一个七岁的小孩在郊游时遇到一条蛇，他并未产生恐惧感，而是怀着很大的兴趣看着它爬过。而在他回家时，他的脚被草丛中的蛇咬伤了，从此他就陷入了对蛇的恐惧之中。

如果不逐一解决令我们产生恐惧的种种的问题，它们就会形成一个强大的"联盟"，攻击我们的心智，让我们变得惶恐不安，觉得四周都是危险。许多陷入恐惧中的人都有两种典型的特征：第一，认为这个世界存在着一些危险，许多事物都充满了破坏性和攻击性；第二，感到非常孤独，认为只有依靠独自的能力才能够生存下去。他们表现出对世界的恐惧，并且会控制自己的活动范围，将自己限制在一个狭小的范围内，并极力制止某些危险因素的来袭，以此来捍卫自己的安全领地。

把心放在哪里才会安全

晋朝有一个叫乐广的人在河南做官，他有一个很好的朋友，但不知何故，在一次聚会饮酒之后，这位朋友很久都没有再次来访了。乐广感到很奇怪，以为自己上次哪里招呼不周怠慢了客人，于是找到好友问明原因。不问不知道，原来上次朋友来家做客，乐广好酒招待，好友正端起酒杯要喝酒的时候，突然看见杯中有一条蛇，心里一个激灵，但当着乐广的面又不好失态，于是强忍着惊恐喝了那杯酒。回家后他就生病了。乐广听后哈哈大笑，再次请好友来家做客。同样的位置，同样的好酒，同样的杯子，好友端起酒杯再次看到上次那条蛇，表情痛苦，难以下咽。乐广微笑不语，朝好友头上指了指，好友抬头一看，自己也笑了出来，原来好友的头顶上，悬挂着一张弓、弓背上有一条漆画的蛇，好友是把酒杯中倒影的"蛇弓"当成了真正的蛇，因此吓出病，连乐广的家都不愿意进了。疑团揭开，好友的心情豁然开朗，长期困扰他的病也就不治而愈了。

这就是我们从小就学习的一个成语——"杯弓蛇影"。这个故事在传统观念里，一般被认为是讽刺那些胆小怕事的人，但其实在心理学日渐被人们研究、开发和学习的今天，这个故事有了新的解释——对特定事物的恐惧。

什么叫"对特定事物的恐惧"呢？先来看下面这个例子。

小艾今年26岁，是一个跆拳道黑带的武林高手。有一天她和男朋友在回家的路上，路过一家小餐馆，突然从门内窜出一条恶狗对着他们狂吠。听到叫声，小艾"啊"的一声尖叫，迅速躲到男友身后，双手紧握男友的衣服、浑身发抖、神情紧张，待男友驱赶走恶狗后，她才慢慢恢复过来。但接下来走路的姿势明显不自然了，而且速度也比之前慢了。又有一次，因为男朋友有事不能陪她，小艾独自一人回家，还是那家小餐馆，还是那条恶狗，还是突然冲出来对着小艾狂吠，出乎意料的是这次小艾居然异常淡定，只见她一跺脚，一声怒吼，恶狗瞬间蔫蔫地退回去了。

这两幕截然相反的局面，全被餐馆老板看在眼里，他十分纳闷，同样的人遇到同样的狗为什么结果却有天壤之别？一个武林高手，在独自遇到恶狗时是毫不畏惧的"女汉子"，但在有男朋友陪伴的时候却变成了一个风吹折腰的"软妹子"。这是为什么呢？

原来，小艾曾经有一次和男朋友一起在外面散步，突然遭到飞车党抢了她的包，因为包是斜挎在身上的，所以她被拖出去摔了一跤，肩膀受了重伤。此后的三个月，她的肩膀都打着绷带，而受伤的第一个月每晚都是伴着疼痛入睡的。从此，小艾对"和男朋友在一起遇到危险（或者潜在危险）"的场所就非常敏感，肩膀就剧烈作痛。

餐馆老板不死心，继续追问，你和男友上次只是遇到一只恶狗歹徒，为什么也会害怕呢？小艾被问住了，她也不知道为什么。

这种没有明确理由的对特定物体（或场合）感到恐惧的症状就是对待特定事物恐惧症。

人类都有趋利避害的本能，当危险（或者潜在危险）即将发生时，正常人都会本能的躲避、远离它，所以就会出现对恐惧的相应场景或者事情产生抵触的情绪和回避的行为。当恐惧感无限放大后，抵触和回避也越来越强，特定事物恐惧就此诞生了！

较为常见的特定事物恐惧症有恐高症、动物恐惧症（比如恶狗）、声音恐惧症（一些特定的尖锐刺耳的声音）等。除此以外还有一些比较少见的特定事物恐惧，比如气流恐惧（空气流动、风）、尖锋恐惧（小刀）、异性恐惧、接触恐惧、孤独恐惧（独自一人的情景）等。

如果你觉得也有以上的情况，先不用担心，因为生活中每个人都或多或少地对不同事物和情景产生恐惧感，但这并不是你对某种事物感到恐惧就是心理学临床意义上的恐惧症。只有当你对某种特定事物产生的恐惧已经严重影响到你的正常行为，甚至破坏你的正常生活，这样才能被判定为真正的恐惧症。

即使感觉自己对某种特定事物恐惧已经达到恐惧症的程度，也没有太大妨碍，因为通常这类患者有办法避免恐惧，就是避免自己面对或者进入特定的事物或者情景。比如恐高症患者只要避免接近高层建筑的窗户就可以安然无恙；一个害怕坐飞机的人只要尽量选择地面交通工具就可以高枕无忧；对游泳产生恐惧的人只要不靠近泳池就和正常人一样……

如果患的特定事物恐惧症很难避免，比如异性恐惧、接触恐惧、气流恐惧、密集恐惧症等，这些恐惧的特定情境都是和平常的生活息息相关，无法进行回避，那么就需要专业的心理学知识进行干预治疗，通常采用的方式是系统脱敏疗法。

这里，我们来让小艾进行现身模拟。

第一步，给恐怖分等级

采用五分制计分法，让小艾把令自己产生恐惧的情景由低到高分成五个等级，分别计1—5分。比如：

和男友一起散步——1分

和男友一起散步进入一个陌生的环境——2分

和男友一起散步，在陌生环境想到可能的危险——3分

和男友一起散步碰到恶狗——4

和男友一起散步碰到陌生人盯着自己——5分

第二步，学会放松

先让小艾靠在沙发上，按照自己感觉舒服的姿势坐着，双手自然放在扶手上，通过深呼吸放松身体，然后脑海里想象着让自己放松愉悦的画面或者情景。如果小艾的想象力有限，可以给她

一些引导，比如"躺在海滩上，温暖的阳光洒在脸上，微风吹拂身体，这个时候你感觉很放松、很舒服。现在微风吹拂你的头，你感觉头很放松；现在微风吹拂你的脸，你感觉面部及五官都很放松；现在微风吹拂你的手，你感觉手很放松（一直下去，直到她全身放松）……"

第三步，系统脱敏

先从分值最低（1分）的恐惧开始，想象自己和男友在一起散步的情景，如果出现轻微的紧张和慌乱，告诉自己，这是没必要的，有男友在保护，很安全。如果1分可以轻松应对了，就进入2分阶段，方法还是一样，想象自己和男友一起散步进入一个陌生环境，告诉自己没什么，每天都可能进入一个陌生的环境，陌生不代表危险。当完全不害怕2分阶段时，再往3分阶段进发……如此往复、不断练习，终有一天小艾可以告别"和男友在一起可能遇到危险"的恐惧。

一个人最大的敌人是自己，最难战胜的也是自己。战胜了内心的恐惧感，外界的事物就不会对我们产生杀伤力。

恐惧或与基因有关

有人说"我天生就胆小"，认为胆小的性格是从父母那里遗传而来的。但有的人对此进行反驳："胆小是自己的坏毛病，不要将父母拖进来。"那么胆小是先天形成的，还是后天养成的？

心理学家用动物做实验，将研究恐惧心理的结果推己到人类。

美国埃默里大学的研究人员用老鼠做实验，研究老鼠的恐惧基因是否会遗传给下一代，使用的方法是巴普洛夫研究经典条件反射的方法。苯乙酮是一种闻起来与樱桃味道非常相像的化学物质，科学家让雄性老鼠嗅这种气味，然后电击这只雄性老鼠，老鼠便以为它的疼痛感来自樱桃的气味，因此便对樱桃气味产生了恐惧感。后续的研究发现这只雄性老鼠的后代在与父辈生活环境不同的情况下，对樱桃气味也会感到恐惧，每当闻到这种气味时就会发抖。科学家们又用雌性老鼠做了类似的实验，发现雌性老鼠的后代对樱桃味也产生了恐惧心理。

科学家还发现，这种对樱桃气味的恐惧不但通过自然孕育的方式遗传给了下一代，即使是人工授精、交叉抚育的后代，仍然像它们的父辈一样，害怕樱桃味。在实验中，科学家还发现，老鼠们对樱桃气味的恐惧一直延续到了老鼠的孙子辈，这似乎说明恐惧基因还可以隔代遗传。

科学家还用了其他刺激作为恐惧对象，实验证明老鼠的后代们对某种事物的恐惧感是遗传的，例如对脚步声产生恐惧的老鼠的后代，要比其他老鼠更容易对脚步声产生恐惧心理。科学家发现，如果给老鼠新的恐惧刺激，仍然不能将原有的恐惧刺激消除，老鼠的大脑中已经保存了对某种刺激的恐惧。

基因的运行方式是动态的，并不是静止不动的，我们每天的生活和情绪变化都可能对基因产生影响。因此，实验人员认为：老鼠的 DNA 系列虽然没有改变，但科学家认为老鼠 DNA 的表达方式发生了变化，老鼠大脑中检测气味的神经存储了对樱桃味的恐惧，并将其存储下来。这种对樱桃气味的厌恶通过遗传的方式存在于下一代老鼠的细胞中，因此后代老鼠都对樱桃气味特别敏感。

恐惧感与基因有直接的关系，已经在动物身上得到了证实，这一点也适用于人类。外国的研究者发现，一些生活在二战期间的人，曾经有一段紧张不安、恐惧无助的生活经历，他们的这种基因在子女身上也有类似的表现，他们的后代患有孤僻症、恐惧症等精神障碍的比例要比其他人的后代高。因此，如果母亲在怀孕期间能够精神放松，所生出来的孩子就不容易患上精神性疾病。

小老鼠的实验说明恐惧感与基因有关，那么恐惧的程度是否也与基因有关呢？德国科学家对这个问题做出了肯定的回答。

德国波恩大学的研究人员找来 96 名女士，测试他们受到惊吓后的反应。实验开始时，研究人员将电极连接在她们眼睛周围，捕捉她们的眼睛在看到恐惧的事物后，发生何种变化。这些女士被要求看 3 组图片，第一组图片能让人心情舒畅，第二组图片基本不会影响人的心情，第三组图片可能让人惊恐。实验发现，在看到令人恐惧的事物时，这些女士眨眼的次数会增加，这种行为受一种名为 COMT 基因的影响。COMT 基因有 Val158 和

Met158 两种变体。科学家还发现，如果一个人携带了两条 Val158 基因，一个人携带了一条 Val158 基因、一条 Met158 基因，那么前者看到恐惧的事物后，情绪更为激烈。

虽然一个人具有了产生某种恐惧症的基因，但不能直接说明这个人一定会患有某种恐惧症。因为人类的行为受环境的影响更大，基因只是让人类对某种事物产生恐惧心理提供了可能，决定了这种可能是否会成为事实的是人类后天的行为。基因不应该为人们的恐惧心理负责任，基因只能说明某一类人患有某种恐惧症的可能性要比其他人更大。肤色、长相类的基因是人们直接从父母那里继承而来的，但对恐惧的基因则不一样，基因对人的行为的影响可能多，也可能少，只能让人有一种恐惧的倾向。人们会不会对某种事物恐惧不是完全由基因说了算，更多的原因来自于人们的生活环境。

人在压力环境下容易恐惧

人在承受巨大压力时，身体会产生很多负面情绪，例如焦虑、恐惧、抑郁等。这种压力的来源可能是自己的过高期许，也可能是环境逼迫的。压力越大，人的不良反应就越大。每年高考时，有很多考生对考试产生恐惧心理，因为在目前的体制下，"一考定终身"仍然是一条金科玉律，高考给考生、家长、老师都带来了很大的压力，让他们长时间处于精神紧张状态，自然就会对考试产生恐惧心理了。那些感到压力大的考生要比一般考生更加重视考试结果，他们承担着更重的压力，对考试的恐惧感也更强。

人正常的精神活动因为压力太大而被打乱，恐惧心理就会乘虚而入。

麦克是一家食品生产企业的车间主任，有一次他发现，一名员工在粗心大意之下将一种食品添加剂放多了，而且大大超出国家规定的安全标准。他发现这件事情以后，及时地纠正了这名员工的做法，没有给企业造成太大的损失。然而很不巧的是，这一天工商局和食品质量监督的工作人员来到麦克所负责的车间进行检查，发现食品添加剂被放多了这件事。有一名检查人员威胁他说："如果你不给我封口费，我一定会让媒体来曝光这件事的。"这时候，麦克感到非常为难，不知道应该怎么做。麦克知道自己所在的企业从来没有违规操作，在市场上有很好的声誉，深得消费者信赖，这天发生的事情纯属意外，而且已经被他及时挽回了。他担心如果不给这名检查人员封口费，那么他会真的让记者来曝光，企业多年的信誉就要毁在他手上了；另一方面，如果他贿赂公职人员这件事被发现了，那么企业一定会将他解雇，他的职业生涯有了这个污点以后，很难再找一份满意的工作了。两种思想在他的头脑中进行你死我活的斗争，麦克感到他承受的压力很大，根本找不到可以解决的办法。从这以后，麦克内心的宁静被压力打破，他生活在既害怕被媒体曝光，又害怕自己被解雇以后再也找不到工作的恐惧中。

人在承受巨大压力的时候，内心感到脆弱，心理承受能力大大降低，对自己和周围的环境都缺乏信心，而且无法将心中的苦闷排解出去，就这样，恐惧感就会越来越强。

2011年，中国青年报曾经在相关网站上做过上班族对年会恐惧感的调查，这项调查有2184人参与，这些人中有66.4%认为自己对年会有恐惧心理，其中有18.1%认为自己的恐惧感非常严重。本来公司的年会应该是员工们建立亲密联系的机会，但由于员工们对年会的恐惧，让年会变了味儿，成为大家的一种负担。

年会给很多员工带来了不小的压力，在年会上，几乎所有人都要上台表演节目，节目的好坏直接影响一名员工在同事和领导面前的印象。如果一个节目表演得好，就能够让同事和领导感到耳目一新。在以后的工作中需要和其他同事配合的时候，同事们想起了曾经在年会上大放异彩的人，便会心生好感，感觉更加亲近，也愿意与这样的同事合作。当领导分配工作或者考虑职位升迁人员的时候，脑子里第一反应出来的人就是那些给他留下深刻印象的人，经常保持安静状态的人则不是那么引人注意。所以，能在年会上大放异彩，对上班族以后的工作绝对有好处。

为了达到这个目的，上班族们在为想出一个有创意的节目伤透了脑筋。唱歌、跳舞太过于普通，是人人都会的节目，没有新意；表演短剧是个有新意的节目，但是很难找到一个适用于几个人表演的剧本。当节目选好以后，又会有新的问题出现——需要占用午休或者下班时间排练。将近年关的时候，大家的时间都安排得比较紧，不容易抽出时间排练；想要加班排练，但是却没有加班费；如果占用上班时间排练，又会影响工作业绩，在新年来临的时候，工作业绩不高，直接影响人们过年的心情。总之，为了在年会上有突出的表现，很多上班族承受着各种压力，他们绞尽了脑汁，也很难在年会上有突出的表现。这种状态持续下去的直接结果就是上班族认为自己患上了"年会恐惧症"。

上班族对年会寄予了自己的期望，年会带给他们很多压力，让上班族感到不堪重负，让本来欢乐、轻松的年会染上了恐惧的色彩。

麦克和年会这两个例子中，人们恐惧的事物就是压力的来源。不过，有的压力可能不会直接让人产生恐惧，却会影响人的心态。例如，经常加班得不到休息的人可能不会感觉到加班是一件恐怖的事情，但是当他闲下来是时候，就会对休息产生恐惧感或者焦虑，因为他不知道如何安排空闲时间，这是一种"压力成瘾"的表现。此外，经常加班、作息不规律的人可能已经习惯了自己的生活方式，并没感觉自己工作中充满了压力，对工作也没有厌烦和排斥等恐惧心理，甚至在工作中处于忘我的状态，并且喜欢忙碌而充实的生活。但是他们十分清楚没有充足的休息对身体健康是不利的，这些人在听到过劳死、车祸、各种疾病等话题时，要比普通人的恐惧感更强烈。

人的情绪有 60% 受外界影响，剩余的 40% 全靠个人自我调节。压力来自于环境，但人的内心却将其扩大了。在压力过大的情况下，有些人本来并不害怕的事物，也会变得非常恐怖。当压力无法排解时，可能就像压死骆驼的最后一根稻草，平静的心突然出现一股惊涛骇浪，让人生活在对某种事物非常恐惧的阴影里。

创伤可能造成恐惧

一个人曾经历创伤性事件可能给他留下心理阴影，让他保持持久的恐惧。按照条件反射的原理，恐惧感是从过去的经验中学习到的。如果有一种令人恐惧的刺激反复出现若干次，就会形成条件反射，继而成了恐惧的对象。想要逃离这种恐惧，恐惧感不但不会弱化，而且还会强化。曾经有一项调查说明，在176名恐惧症患者中，有过窒息经历的人占20%，这在事实上证明创伤和恐惧之间有着直接的联系。

由创伤学到的恐惧可能是无意识进入人的大脑中。某一事物第一次对人们造成伤害，如果再次与这种事物接触，就会无意识地躲避，这时候人们可能意识到，也可能不会意识到："我曾经被它伤害过，所以还是离它远一点好。"

心理学家克拉巴和德的主要研究方向是儿童心理学和记忆。他曾经有一位有趣的病人。这位病人的大脑受到一定的损害，患上了健忘症，即使是短期内发生的事情，也记不住。他每天都去看心理医生，但第二天完全记不住自己的心理医生是谁，于是他每次看心理医生的时候，心理医生都要做一次自我介绍，并和他握手。

有一天，克拉巴和德在与这名患者握手时，将手里隐藏的一枚大头针刺向了这名患者，这名患者感到刺痛后立即收回了自己的手。第二天，心理医生与这名患者例行自我介绍和握手，当心理医生将自己的手伸向患者时，患者便不愿意握手了。

虽然这名患者完全记不住昨天被刺的事情，但握手被刺这件事的影响还在，以至于他在无意识的情况下还保持着对握手这一动作的警惕。从这名患者的行为中可以看出，人曾经的经历是恐惧感的来源之一，而且并不需要人们刻意记住。

电梯有出事故的可能，那些经历过电梯事故的人要比听说电梯出事故的人更容易对电梯产生恐惧。

一栋办公楼有两部电梯，其中的一部经常出事故，另一部比较安全。一天中午，不太安全的那部电梯由于超载而直接从 16 楼坠下来到了 11 楼，从 11 楼到 1 楼这段路程电梯正常运行。

曾经经历过从 16 楼掉到 11 楼的人有过切身的体会，以后坐电梯时可能更紧张，时刻盯紧着楼层指示，希望快一些达到自己想去的楼层，甚至宁可浪费体力和时间爬楼梯，也不乘坐电梯了；有一些人，虽然在现场，但是乘坐了安全的电梯，只是听到了另一部电梯有尖叫声，他们可能感到心有余悸，在后来坐电梯时会想到这件事，未必特别害怕；还有一些人没有坐电梯，关于那天电梯超载坠下的事情听说了不少，他们可能认为那天乘坐电梯的人很不幸，自己再乘坐电梯时可能不会总想着"万一电梯又坏了怎么办"，只会下意识地乘坐不容易出事故的那部电梯。

从这三种不同反应的人中可以发现，不幸的经历给人带来的恐惧感更强烈、更持久。如果某一次创伤非常严重，那么一次创伤就足够让人们形成持久的恐惧感。

每个人都会经历对自己造成伤害或者不喜欢的事，但并不是所有经历了创伤的人都会形成恐惧感。

在一个小区内有一条非常凶狠的流浪狗，几乎见人就咬。有的人被咬了以后只是当时害怕了几天，打过狂犬疫苗以后，就逐渐将这件事情忘记了。而有的人则是牢牢地记住了这件事，在后来的生活里，不但害怕被狗咬，甚至还害怕狗叫、害怕狗毛、害怕狗的照片等一切与狗有关的东西。

上述两种情况，与人的自我调节能力有关，有的人通过适当接触恐惧刺激的方式让自己的恐惧感消失了，一段让自己不快的记忆成为学习新技能的宝贵经历；有的人则一再回避恐惧刺激，让自己的恐惧感越来越强烈。不管怎么说，创伤是恐惧感最重要的来源。

反复的恐惧经历让人更加恐惧

如果一种恐惧刺激持续出现，或者恐惧感总是涌上心头，人心中的恐惧感就会愈演愈烈，甚至可能让人精神失常。持续的小恐惧累积到一定程度和一次性的大恐惧会产生同样的效果。科学家将一只小老鼠关在金属笼子中，时不时地用微小的电流刺激它，次数多了以后，小老鼠就产生了对笼子的恐惧。科学家对另一只小老鼠采取一次性大电流的刺激，老鼠也产生了对笼子的恐惧。对于小老鼠而言，一些小的恐惧刺激会加重它们的恐惧心理，对于人类也是如此。

一次电视调解节目中，女嘉宾历数了男嘉宾各个方面胆小的表现：不敢接电话、不敢出门、不敢开门、不敢收快递、不敢开车、车子内的空间一定要用纸箱或者矿泉水瓶子充满，不敢将自己的女朋友介绍给亲朋好友等。女嘉宾对男友的这些问题忍无可忍，想要提出分手。男嘉宾不想分手，但也不将自己的真实想法吐露出来，直至在专家们的介入下，男嘉宾才将自己这些恐惧的来源讲清楚。

他说："我曾经谈过一个女朋友，那个女生对我死缠乱打，我实在受不了了，于是提出分手。当我提出分手后，前女友还是总粘着我，这让我很反感。不仅如此，她还经常用自杀的方式威胁我，想和我复合。最让我受不了的是她的哥哥，她的哥哥总认为我欺负了他妹妹，不断地来找我麻烦。他哥哥曾叫上一帮人围殴我，我被他们打得鼻青脸肿，不敢出门。我一出门就害怕，担心他哥哥揍我。他哥哥经常给我打恐吓电话，逼迫我和他妹妹复合，我换了几次手机号码才让他哥哥找不到我。家里的座机电话线也被我拔了，因为他哥哥经常半夜打电话过来恐吓我，就像午夜凶铃一般。为了不被他们兄妹纠缠，我换了房子，但还是害怕一开门就遇见他们，所以我不敢收快递。如果他们假冒送快递的，我一开门他就打我，我该怎么办？我将车子里用纸箱和矿泉水瓶子填满也是不想被他们从车窗子看见我，又过来找我麻烦。我不敢将现在的女友介绍给亲戚朋友还是因为他们兄妹俩，我怕他们知道我有了新女朋友以后，心理不满找我现女友的麻烦……总之，前女友和她哥哥在我和她分手后，总是打乱我的生活。如果只有一次、两次，我也就认了。他们不止一次这样，分手一年内，我经常被他们骚扰、恐吓、殴打，直到我换了房子、断了联系方式以后才清净下来。谁能够受得了长期过这样的生活啊！所以，我认为他们的种种做法给我造成了心理阴影，我现在的胆小完全是因为他们以前不断上门找我麻烦造成的。"

从男嘉宾的辩解中可以发现，前女友和他哥哥不断找麻烦的行为，是他恐惧感产生的根源，而且这种恐惧心理持续的时间非常长。当他和现女友谈恋爱的时候还保持着对前女友和她哥哥的警惕，生怕有一天他们再次出现在他面前，伤害他和他现在的女朋友。男嘉宾的种种行为都是对前女友和她哥哥敌视、躲避的表

现，就像是在打一场潜伏战，害怕自己一不留神就被对方抓住、折磨。

这名男嘉宾的恐惧感形成和持续过程都伴随着他对恐惧刺激躲避的行为，尽管他的防守做得很到位，但是却让他的恐惧感更加强烈了。持续面对恐惧刺激和躲避恐惧刺激一样，也可能强化人的恐惧感。

琳娜特别害怕吃虾，包括龙虾、白虾和小虾米。但是她不害怕与虾保持一定距离观看虾，也不害怕吃虾条、虾丸等用虾做成的食物，也不排斥在做菜中放虾油。她看见虾有着长长的触须和脚，总是想着这种动物在自己的嘴里、胃里爬，于是感到非常恶心，只好转过头去，眼不看为净。也就是说她所害怕的是食用整个的虾，对于非食用的虾没有恐惧感。

为了克服这种恐惧感，她学着不断地接触虾，甚至可以食用虾。她选择了看起来不太庞大的小虾米作为第一个需要克服的对象，但过程非常痛苦。小虾米看起来不那么恐怖，她试着将小虾米吃下去，可不敢用手抓，只好用勺子往嘴里送。在往嘴里送时，把眼睛闭上，另一只手捏住鼻子。试了几次以后，发现自己不但没有克服对虾的恐惧，反而更加厌恶这种食物了。

一次聚餐中，朋友看她没有吃虾，以为这道菜距离她太远，便夹了一只给她，当时琳娜的反应特别强烈，直接将自己的碗扔出去了，让好好的聚餐气氛降到了冰点。从此以后，再也没人敢让她吃虾了，琳娜也认为自己与这种高蛋白的营养食物彻底无缘了。

琳娜为了克服恐惧，不断地与恐惧的事物接触，最后不但没有克服恐惧，反而还加重了对虾的恐惧。这个过程非常痛苦，虽然总想着如果能一步步地接受自己恐惧的事物，但事实证明她完全失败了。

　　恐惧的病情因为一点点恐惧刺激的积累而加重，人们将自己害怕的事物看得越来越"危险"，更大的恐惧因为不断与恐惧的事物接触而释放出来，战胜恐惧的信心变得越来越弱，恐惧的事物最终成了避而远之的病毒。

面对恐怖场景，你会失去自控

　　当今世界充满恐怖和暴力，每隔几秒钟，谋杀、抢劫、虐待等情形就会发生。我们需要与陌生人接触，去感知外面的世界，但是面对濒临死亡或生命逝去的情景，我们感觉焦虑不安、无从应对。为了寻找一把保护伞，帮自己缓解内心的恐惧，把自己从焦虑不安中解救出来，我们会更容易屈服于各种诱惑。此时，我们的自控能力就失去作用。

　　人们都知道吸烟会有害健康，烟草燃烧时释放出的几十种毒素会给人带来多种疾病，如肺病、心血管病、骨质疏松等，还会导致肺癌、胃癌、膀胱癌等肿瘤疾病。听到这些，就知道吸烟是多么可怕的事情，而且有很多关于香烟危害的公益广告，画面比较可怕，例如被熏黑了的牙齿、满是皱纹的女性面孔等。一般来说，烟民看到这些画面，第一反应应该是戒烟。实际情况却恰恰相反，当烟民看到这些预示死亡的标语或图片，恐惧和压力感倍增，不但不想戒烟，反而为了缓解负面情绪去抽更多的烟。

烟民们这样做，以为这是个人自控力下降导致的，但是当他们知道人人面对恐怖场景都会做出此种反应的时候，觉得这简直不可思议，因为这不符合人的逻辑。据研究发现，人的大脑受到压力影响时会产生欲望，面对诱惑，多巴胺神经元会更加兴奋，所以当烟民看到烟盒上的警告标语时，他们会告诉自己吸烟会得癌症，但是大脑又觉得和死亡抗争会让自己找到快感，因此戒烟的意志力就失效了。

这种情况在生活中很普遍。例如看新闻报道时，会看到一连串的恐怖场面，先是某市车站遭遇恐怖袭击，死伤几十人；接着是歹徒在大街上持刀抢劫，人们吓得四处奔跑；然后是吸入污染颗粒过量导致癌症，还采访了癌症患者。现在，我们满脑子被恐怖情景充斥，感觉危险就在身边，甚至吓得不敢呼吸。正在这个时候，新闻报道结束了，紧接着就是食用油、汽车、洗衣粉等画面亮丽、令人感觉温馨的广告。人们可能会想，商家在这个时候打出自己商品的广告，是不是太傻了。人们还沉浸在新闻带来的恐惧之中，谁会对这些百货感兴趣。事实证明，越感觉恐怖，越会去看广告，不仅你在看，别人也会看，这就是一种心理现象。

看到恐怖新闻时，人的大脑会对恐惧产生反应。看到别人受伤、死亡，或是遭遇歹徒袭击，我们很自然就将这些场面与自己联系起来，继而就想到死亡。人活一世，终究逃脱不了死亡的命运，想到这些，就害怕。有些时候，我们并没有意识到这种害怕，因为还没有产生强烈的不适感。意识不到，并不代表恐惧感不存在，所以我们会寻求保护措施，对抗自己的无能无力，把希望寄希望于广告商品，以此找到安慰。

人们感到恐惧，更容易被商品诱惑，以此找到奖励性承诺来给自己减轻压力，这个时候，人的意志力就异常的薄弱。

每天晚上，艾米丽都需要打扫房间、收拾杂物，或给孩子们准备好第二天上学用的东西。同时，她也会打开电视，听里边的声音，让自己干活更有力。她通常锁定新闻频道，节目会报道各种国内和国际新闻。前一半新闻通常是关于国家政治的。后边就是社会新闻。例如某某人遭遇绑架，至今下落不明；某人遭人持刀袭击，受了重伤；还有就是交通事故的事发现场等等。每一条听起来都非常恐怖。艾米丽虽然没时间看，但她多少会被这些消息吸引，不由自主地停下手中的活，注视起新闻画面。看到画面，她感觉自己也像遭遇不幸一样。这些恐怖新闻对她有所影响，她开始对零食产生欲望，就好像不吃就会遭遇不幸一样，她能把给孩子准备的一整袋零食吃光，这就体现出意志力在恐怖场景面前的薄弱，需要借助零食来缓解压力。

人在想到死亡时最难抵御诱惑，一旦看到商品就有购买的冲动。特别是那些能给人带来安慰的食品最能激起人们的购买欲望，例如巧克力和奶油曲奇等。所以，当走进超市或商场时，看到令人恐怖的图片或是恐怖的宣传手册，买到的东西就会比预期

多得多。这就是商家利用消费者的恐惧心理，进行营销的一种策略。

还有一项调查显示，看到死亡报道，人们会对轿车和劳力士手表这种昂贵的商品产生购买欲。因为这些有价值的商品彰显地位，能提升人的自我形象。当我们感觉自己形象良好时，找到一种安慰感，就会减少内心的恐惧。

恐惧的场面时常让人与死亡联系在一起，如果总通过满足欲望来寻找安慰，而失去自我控制能力，那就相当于自取灭亡。为防止或减少恐怖场面对生活造成的负面影响，应该想办法避免意志力失效，这样才能做到自控。如果看到食人族、车祸、爆炸、抢劫等新闻的恐怖画面，感觉全身不舒服、恶心、想吐，或是情绪悲伤，就说明我们被这种恐惧感控制了内心，就会放纵自己的消费行为。如果想控制住自己，就需要在恐惧面前做出理性的选择。虽然我们不能改变恐惧感带来的影响，但至少可以改变处理恐惧的方式。例如，若不想看这些恐怖新闻，就换一个轻松愉快的频道，这样就能避免恐惧。当远离恐怖场景，让自己处于一种身心放松的状态，就容易做到自控了。

第三章　心理预警：
提前建立应对恐惧的机制

❦ ••••• ❦

恐惧往往在人猝不及防时突然来临。如何做好应对恐惧的准备？正确认识自己的优缺点，不要对自己要求过高，不要过于追求完美。勇敢面对自己恐惧的事物，不要太在意自己身体的反应，保持平和的心态，恐惧的症状就会得到改善。

做好应对恐惧的准备

恐惧无论是作为某个事件或者某种意识，在它出现的时候都带有某种突发性的色彩，让人猝不及防，一时难以应对。对此，为了提高应对恐惧的心理能力，就应当早做准备，在平时就注意做好准备，建立心理预警机制就显得尤为重要。

1. 树立科学的认知观

树立心理预警机制的第一步就是我们要了解产生恐惧的原因，树立对恐惧的科学认识。

有学者说："愚笨和不安定产生恐惧，知识和保障却把恐惧拒之门外。"有学者进一步指出："当人们有完备的知识时，所有恐惧，将统统消失。"古罗马流传下来一句箴言："恐惧之所以能统治亿万众生，只是因为人们看见大地寰宇，有无数他们不懂其原因的现象。"中国古代对恐惧的原因也给出自己的解释，宋朝理学家程颢曾说："人多恐惧之心，乃是烛理不明。"以上中西方圣哲对恐惧原因的概括，使我们了解到正确的认识是抵御恐惧的良方。亚里士多德也给出了明确、详细的解释："我们不恐惧那些使我们相信不会降临在我们头上的东西，也不恐惧那些我们相信不会给我们招致那些事的人，这些人在我们觉得他们还不会危害我们的时候，我们是不会害怕的。因此，恐惧的意义是：恐惧是由于相信某事物已降临到他们身上的人感觉到的，恐惧是因特殊的人，以特殊的方式，并在特殊的时间条件下而产生的。"显然，恐惧产生在我们对已经历或未经历的事物的不认识。

《列子·天瑞》里有一个"杞人忧天"的寓言故事：杞国有个人，不怕天寒地冻，却每天忧心忡忡地担心天会塌下来，他会没有地方躲藏。因为心里老是惦记着这件事，于是他吃不下饭，睡不好觉，整天苦思冥想，想象若是某一天一旦天真的塌下来，他好有个安身的地方。后来有个好心人告诉他，天空是由大气组成的，肯定不可能会塌下来，即使真的坠落下来也不会对人有任何伤害，你放心好了。杞人听了别人这样的解释，这才放宽了心。这个成语比喻的正是因为无知而产生的不必要的恐惧。

2. 树立正确的生死观

生命有限，对于活着的人来说，一谈到死，总感到很可怕。没有人是不怕死的，正如没有人不想活着一样。人惧怕死亡，不是说人害怕离开人世。人惧怕死亡，只不过是因为对死的不可预测性感到害怕、失望和无助。对于必然的死，人无能为力，但是对于一个人究竟会在什么时候、什么地方甚至怎么个死法的不确定性，这都给死笼罩上了一种神秘的色彩，使人担忧，让人害怕；也就是说死之所以可怕，就是因为死亡没有任何先

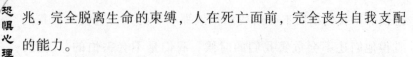

兆，完全脱离生命的束缚，人在死亡面前，完全丧失自我支配的能力。

那么，我们在生死面前应该如何抉择呢？又如何在日常生活中体现呢？首先，面对人生，要保持松弛的心态。尤其是在最不平静、最奇怪、最危言耸听甚至大难临头的时候，更需要这种心态。只有这样，才有可能从尴尬的境地、危险的关头巧妙脱身。

我们应该把对生命的恐惧变成对生命的热爱，只有这样生命就会因此而变得更加单纯而明净。与此同时，在奋斗的过程中，也是欣赏和享受自然的生命和魅力的过程。而这多半与利欲和物欲没有关系。开花是为了结果，人活着究竟是为了什么呢？生命的价值又应该如何去体现呢？花因生命的短暂而更显美丽；同样，人也应该以有限的生命而充满热情、激情和朝气地活着。每个人都希望长生不老，该老去的还是会日渐衰老，最终慢慢离开这个世界。如果大家能以清醒的头脑进行逻辑分析，这不正是生命存在和发展的规律吗？生命如此短暂，死亡的阴影也无时无刻不在显现。尽管如此，我们没必要为自己的死亡整天徒劳无益地担忧。

3. 树立正确的名利观

人的一生如果始终在利益的圈子中打转转，整天都是在思虑自己的利益，只是将自己的生命的欲望、渴求与满足作为自己思考未来及行为的前提，为自己的利益的占有或获取而高兴，为自己利益的失去或损害而忧伤，那么就最容易在心理上体验到恐惧的可怕。相反，如果不去计较考虑自己个人的得失，而是敢于坚持正义，就不会感到畏惧。

南宋年间的一次大考之后，主考官陈之茂阅完卷子，挑出几份最好的，正要准备去当众启封。这时考官魏师逊走进来，小声说："陈公，我们马上就要发财了。"说着，用手指了指窗外，陈之茂向外看去，只见庭前站着一个少年，看上去不过十六七岁，穿戴的却是锦衣绣服，腰间悬挂着光灿耀眼的玉佩。"我不明白，你说的富贵会从何而来？"陈之茂疑惑地问魏师逊。"他是太师的长孙——秦埙。"魏师逊谄媚地说。"原来是秦桧的后代。"陈之茂明白了，但他仍然不动声色地将试卷起封，开始一份份认真地批阅起来。

魏师逊这时又不失时机地对陈之茂悄悄地说："太师府来人说，要秦埙中'状元及第'……"陈之茂一声不吭。最后，他秉公行事，不媚权贵，坚持把考生陆游的试卷列为本届省试第一名。时年28岁的诗人陆游，在江浙一带已经很有名气，而且他的试卷确实是文采洋溢，应该说是当之无愧，后来陆游写诗赞美陈之茂的正直，并把他比作伯乐。

陈之茂明知秦家权倾朝野，但仍然能够无所畏惧地去按实际情况办事，绝不"摧眉折腰事权贵"，完全是因为他不畏权贵，坚持原则这种正确的名利观。

克服自卑心理，培养健康开放的人格

从恐惧种种外在表现看，我们不难推测，恐惧的人多自卑。反过来，自卑的人也容易对周围的人和事产生恐惧。自卑就是指一种觉得自己某些方面不如别人，觉得自己没有能力应付所面临的问题的消极心理。

因为他们对自我的评价较低，认为别人轻视、看不起自己，于是斤斤计较别人的态度和评价；他们怀疑自己的能力，在困难面前畏惧不前；他们惰于变化，惰于改变，惰于承担自己要负的责任。对变化的恐惧，对责任的恐惧，使得他们的生活被局限、被限制，缺乏生机，因而也常常会失去许多宝贵的机缘。

奥地利著名的心理学家阿德勒对自卑提出了自己独创性的见解。他认为，自卑是人类普遍存在的现象，在儿童时期，他们与父母和整个世界的关系中无论是体质上还是能力上，就更具有一种不足之感，即自卑感。阿德勒把这种自卑的观念集团称为"自卑情结"，即一个人在面对问题时无所适从的表现。因而他要不断地补偿这种不足，对自卑的补偿会成为人类发展的基础和动力。

阿德勒认为人人都有自卑感，只是程度不同而已，"因为我们都发现自己所处的地位是我们希望加以改进的。"而且这种改进的愿望是无止境的，没有顶点。人类不可能超越宇宙的博大和永恒，也无法挣脱自然法则的制约，也许这便是人类自卑的最终根源。那么，我们该如何面对自卑呢？如何才能快速地摆脱自卑的阴影呢？

1. 运用弹性心态法

在物理学的词典中，弹性物体指的是在受到冲击后还可以恢复原状的物体。心理学家别推崇弹性心态——即对往事的抗冲击性，接受矛盾的打击，自我调节、自我治愈的能力。尽管这种能力并不能防止我们产生自卑情结，它只是教会我们如何去克服。弹性心态是我们与生俱来的，只要后天开发得当，它会越来越强大，成为人们自我保护的最佳屏障。

在自信不足、悲观出现的时候，做一张"乐观、悲观对照表"是个好方法。即在一张大的白纸上划一条竖线，分成左右两栏，左边写上乐观，右边写上悲观，然后把它贴在书房的墙上。每天下班之后，面对这张表把心中乐观和悲观的感觉如实地写在表的左右两边。全部写完以后，把悲观的部分用黑笔一个个地划掉，同时把悲观的感觉从心里赶出去，然后看着乐观的部分，大声念一次，这样心中就会和这张表一样，充满乐观的感觉，一种由内向外溢出的积极的体验会升腾起来。

2. 认知法

认知法就是通过全面辩证地看待别人和自己，认识到人不可能十全十美。比如说，一个其貌不扬的人可能在工作中有出色的成果，在国家一级刊物上发表了许多文章，那他就会赢得大家的尊重，而这种尊重会为他带来自信。客观地认识自己有哪些缺点，有哪些优点，人的价值主要体现在通过自身的努力发挥最大潜能，而不是追求完美无缺，也不应该以自己的弱点简单地与别人的优点相比。

你还可以将自己的兴趣、嗜好、能力和特长全部列出来，哪怕是很细微的东西也不要忽略。可能的话，再和其他同龄人做一比较，全面、辩证地看待自己和外部世界，对自己的弱点和遭受的失败持理智态度，既不自欺欺人，又不看得过于严重，而是以积极乐观的态度面对现实，这样自卑便失去了温床。

3. 补偿法

我们知道，人自身的机体就有一种补偿的功能，例如盲人的听觉一般比常人好，聋哑人的触觉一般要好于常人。在这里，补偿是指通过努力奋斗以某一方面的成就来补偿自身的某种缺陷。比如，一个人在相貌上可能不如别人漂亮、英俊，但是他可以通过多读书提高自己的学识和修养，通过在学习和工作中多努力取得成功，从而得到别人的认可。

任何人都不可能十全十美，也不可能一无是处。不要老关注自己的弱项和失败，而应将注意力和精力转移到自己最感兴趣、也最擅长的事情上去，从而从中获得乐趣与成就感，来强化你的自信，驱散你自卑的阴影，缓解你的心理压力和紧张情绪。

4. 转移法

转移法与补偿法相类似，都强调虽然一方面有缺陷，但可以从另一方面谋求发展。两者的不同在于此处更有一种升华的意识在内。现代社会的需要和分工越来越多样化，人的智能也不再仅仅是一般智力和少数的特殊智力了，而是多元智力，人各有所长，这方面有缺陷，便可从另一方面谋求发展。一个身材矮小或过于肥胖的人，可能当不成模特和仪仗队员，可是这世界上还有很多对身材没有苛刻要求的工作，更何况他还有自己的特长可以利用，可以发展，或者画画，或者搞研究，或者踢足球等等。

一个人只要有了积极心态，对自己扬长避短，将自己的某种缺陷转化为自强不息的推动力量，也许你的缺陷不但不会成为你的障碍，反而会成为你的福音。因为它会促使你更加专心地关注自己选择的发展方向，往往能促成你获得超出常人的发展，最终成为超越缺陷的卓越人士。这方面的著名事例数不胜数，如身材矮小的拿破仑、耳聋的贝多芬、下肢瘫痪的罗斯福、少年坎坷艰辛的巨商松下幸之助、霍英东、王永庆、曾宪梓，这些人要么有自身缺陷，要么有家庭缺陷，但他们都成了卓越人士，都从某个方面改变了世界。我们是利用自身的特长、专长、优势来赢得成功，而不是站在自卑、缺陷的面前俯首称臣。纵使我们有这样那样的缺陷，也要把目光放远、抬高，关注自己的优势、强项，转移视线，从而摆脱自卑，战胜恐惧，赢得世界。

5. 作业法

作业法是把我们要做的事情（作业或任务）、要达到的目标先列出来，然后再选取某件比较容易、又很有把握完成得好的事情去做，这样成功之后便会有一份喜悦。接着再找另一个目标，每一次的成功都会让我们的喜悦更进一层，这可以在一个时期内使个体避免承受失败的挫折。如果个体已经产生自卑感，自信心正在丧失，可采用这种方法。以后随着自信心的提高，逐步向较难、意义较大的目标努力，使自信心得以恢复和巩固。因为自信心的丧失往往是在失败、受挫的情况下产生的，自信的恢复、自卑感的消除也应从一连串小小的成功开始。这是一个渐进的过程，每一次成功都是对自信心的强化。自信恢复一分，自卑的消极体验也将减少一分。

6. 分析法

分析法多是在心理医生的帮助下进行的。其具体做法就是通过自由联想和对早期经验的回忆和分析，找出导致自卑心态的深层原因。它旨在让个体明白自卑情结是因为某些早期经验而形成的，并深入潜意识，从而潜在的影响着心态。大多数个体当前的自卑感是建立在虚幻的基础上，与其现实的情况无关。经过这样的分析之后，便可以从根本上瓦解自卑情结。

7. 行动法

评价一个人有没有价值，人人心中都有一杆秤。固然，我们可以从其思想、从其意识、从其潜在能力以及行为方面来评判，但是有些还是很难客观观察、评价的。一个简单又有效的方法便是"有人需要你，你就有价值，你能做事，你就有价值。你能做成多大的事，你就有多大的价值。"因此，要想感到自己有价值，就可以用行动来说明。可以采用上述作业法的一些步骤，先选择一件自己较有把握也较有意义的事情去做，做成之后，再去找一个目标。当你切切实实感觉到自己能干成一些事情时，你还有什么理由怀疑自己的价值呢？

你若已经接受最坏的，就再也不会有所损失

我们跃跃欲试但始终不敢行动，是因为害怕失败，承受不起失败的后果。对此，要去调整自我心态，就要如卡耐基所说的去做："你若已经接受最坏的，就再也不会有什么损失。"即指用最坏的打算去对待结果，结果只会比这个好，就不会再有什么令人害怕的事情了。

只有预先接受了最坏的结果，我们才能从容地面对一切，敢于去放手一搏，应对每一个不测事件，并且始终做到情绪平稳，不会焦虑，不会失控。

事实上，做最坏的打算并非一种消极的心态，而是一种对恐惧的最好的防守和准备。当作出了最坏的打算，为最坏的结果制定了防御或拯救方案，那么，我们已经在一个"无论多么艰辛都不会死去"的背景中生存，一切可能的危险、机遇，都将遵从于这个核心。如果做了最坏的打算，人就会克服内心的恐惧，会大胆地放手一搏。

艾米尔是美国加州人，一家电子商务公司的老板，大众眼里

的成功人士。还不到 50 岁的他已经拥有上百亿的资产，旗下经营着几十家连锁电器超市、数码店，还有一家国际电子商务网站。

有人向他探寻成功秘诀，他自嘲地说："我成功的最大秘诀就是每天早晨出门前，都会告诉自己：你，今天可能失败，而且是非常惨重的失败，甚至可能失去一切，你做好准备了吗？然后我会站在阳台上抽根烟，想象一下自己会怎么失败：破产？负债多少亿？还是为此家破人亡？这些情况万一发生了，我怎么办呢？我就设计各种拯救的办法，想想我有什么资源可以弥补损失，有什么方法可以东山再起。最后，我会带着满满的自信出门。"

这就是艾米尔成功的心理准备，由于他有充分的思想准备，因此在创业过程中，无论遇到了多大的困难，他都能够爬起来，去解决各种问题；选择方向时，他充满自信，比别人多了几分淡定，也极少焦虑。

他曾对朋友笑着说："我 14 岁时卖鱼，高中还没毕业就开始做生意了，后来便跑到休斯敦做文化用品的销售，积累了第一桶金。在我 24 岁时，我接了一个亿元的大单，结果失败了，生产无法继续，导致贷款危机。这是我挺过的第一道坎儿，因为我之前做好了预备，所以动用备用资金，把问题解决了。我还炒过楼花，炒过股票，都赔得一塌糊涂，直到我进入了数码产品的市场，开始做电子商务，开电器超市，才找到了我这辈子的方向。但我仍然有这个准备：如果突然有一天，末日来了，我如何应对？"

怀着这种危机意识，时至今日，艾米尔的生意如火如荼。他从容淡定地面对未来，始终怀着一种平和的心态，无畏任何突如其来的危机。

有句话是说，人最害怕的并不是要发生什么，而是不知道要发生什么。做最坏的打算就是对这种害怕做出的一种心理防守，也正如卡耐基所说："当你学会接受最坏的结果，才能把专注力放在当下不计结果地努力，这样得到的结果往往是最好的。"所以，当我们因为害怕失败而迟迟不敢冒险前进时，那么先对自己的行动做一次预测吧，做出最坏的打算，所有的心理障碍都能得以解开。

给自己的生活增添点冒险成分

众所周知，人们可能经常面临一些恐惧的情境，那是因为生活里总充满着危险，我们并不认为危险必须要去避免。有些风险可能值得我们去尝试，勇敢去战胜，可能会有很大收获，逃避不是办法，只要看准是正确的事情就应该去做。即使正确的事情里包含着许多危险……也该去冒险。

歌德年轻时曾希望自己成为举世闻名的画家，为此他一直沉溺于那变幻无穷的世界中而难以自拔。40岁那年，歌德游历意大利，看到了真正的造型艺术杰作后，终于恍然大悟，觉得文字真正能打动自己，表达自己内心的渴望与呼喊。于是，他冒着很大的风险，放弃绘画，转攻文学。他经过不断地学习和摸索，不断地向别人请教，不向恐惧屈服，终于成为一名伟大的文学家。

勇敢地改变现在，接受生活的挑战和风险，不同于盲目地变化，一味地放弃。那么，怎样识别盲目的自我设计呢？最有效的鉴别方法是：价值。歌德就是意识自己到十多年的劳动没有实现自己的真正价值，于是毫无价值才断定自我设计是有误的。当然，认识到这一点，需要一个过程，甚至是一个痛苦的、付出了艰辛代价的探索过程。歌德感慨道："要真正发现了解自己很不容易，我差不多花了半生的光阴。"他又说："这需要有深刻地认识，只有通过欢喜和苦痛，才学会什么应该追求和什么应该避免。"发生在歌德身上的这件事告诉我们，人生需要变化，变化需要理智的判断和不畏艰险的胆识与勇气。

当然，冒险并不一定就等于成功。很明显，并不是说你冒着风险所做的事情就一定能成功，成功与失败是相对而言，在人的生活中，二者是互相伴随着的。成功的分母便是失败，成功只是无数失败中的分子，不是无数失败中的分母。事情发展的正常规律是，很多次失败换来一次成功，很多人的失败换来一人的成功。惧怕失败，不冒风险，求稳怕乱、机械呆板地过一辈子，可能减少了失败的次数，但相应地也减少了成功的次数，生活在"比上不足比下有余"的状态中，很容易让人失去对生活的热情，取而代之的是乏味和消极。

同样，事业上的轰轰烈烈也许使我们成为某个领域的精英，但很多时候我们很难主宰内心的忧虑，仍然会遭遇恐惧，现代社会尤其如此。

如果内心有恐惧，逃避不是办法，一定要想办法克服它。下面所提到的这位年轻海军军官或许可以帮你学会一些东西，让你如愿以偿。

这位海军军官写信告诉他的心理医生，自己是如何成功地克服了恐惧，字里行间充满了自豪感，就如同在战场上作战取得胜利一样。

他在信中讲述了自己的故事：他说自己是一艘轮船的指挥官，对此感到非常荣幸，同时也深感责任重大，毕竟要负责船的行程，以及全船人的协调。这对一个年轻军官而言，是项重大任务，得到这个机会，感到非常高兴。

但有一个很严重的问题是害怕失败，缺乏自信心，老是忧心忡忡、焦虑不安，无法安心工作。他清楚自己的这些缺点。曾试过用许多方法锻炼自己的胆量，增强自信，经过反复尝试和证实，最后他发现唯一有效的方式是信仰。

在整个治疗过程中，心理医生给他提供了很大的帮助。正因为如此，他想向自己的心理医生致谢。因为是他以简单、实事求是而令人信服的话语，使这位军官懂得人应该相信信仰，不要再持怀疑态度。心理医生的解释合情合理，使他不可能再去怀疑其观点的正确性。他从心理医生那儿获得了力量，丰富了人生，也使自己找到了过去从不知道的幸福。

的确，恐惧极大地影响了人们的正常生活，它使人无法静心思考，不敢挪步向前，做事瞻前顾后，顾虑重重；不敢去尝试，拒绝创造性的解决问题的方法；占用了我们做其他事情的精力。你是否留心过，因为恐惧，浪费掉那些宝贵的时间、旺盛的精力吗？

实际上，我们确实面临着许多恐惧。曾获诺贝尔文学奖的法国文豪加缪把 20 世纪叫做"恐惧的世纪"。有一首现代交响曲就叫"焦虑的时代"，连作曲也以焦虑为题，可见恐惧确实对人们的日常生活具有相当大的影响和冲击。

当今生活中，困扰我们的往往是一种模糊不清、难以名状的焦虑。很多时候因为不明原因，无法对这些忧虑进行反击，无法选择适当的克服方法，因为我们根本不知道自己在害怕些什么。也许害怕的事情太多了，仅仅克服其中的一个，并没有什么用。对我们来说，恐惧并非来自一处具体的可以言明的威胁。如果情况真是这样，或许可以采取具体的行动来对抗它并找到解决方法去战胜它。但事实上，生活中的很多恐惧看不见摸不着，就像笼罩在头上的阴云，它给我们所做的每一件事都投下阴影，而且一时难以完全消除。

一位心理学家到托拉斯州的威奇托城演讲，要到达目的地他必须乘飞机从纽约到辛辛那提去，路程大概有 900 公里。毕奇航空公司的老板毕奇夫人，很慷慨地借给他一架飞机并给他配了一位驾驶员。当飞到密西西比州上空时，本来晴朗万里的天空一下子变得雾蒙蒙的，能见度极低。"我们必须飞过雾气层，"驾驶员说，"因为地面的热气、尘土和烟雾常会引起低空的薄雾。这样危险极大，要保证安全我们必须再飞高1000英尺，飞到雾气上方去。"当飞机升高后，他们果然进入了一个完全不同的世界。更上层的天空晴朗无比，能见度非常高，是适合飞行的绝好天气。

这个例子所蕴含的哲理是：我们在思考时也应该使自己的思想超越于各种冲突、忧虑的层面之上。需要穿过恐惧、忧虑的云雾，进入可以清晰、理性地思考层面。

想办法克服恐惧非常重要，因为恐惧是快乐的敌人，它直接影响你的思考能力，干扰你做出理性的判断，阻碍你正确地选择，进而影响你的工作效率，并对健康造成一定的危害。

美国一位叫肖普的内科医生曾这样说过，许多人并没有意识到紧张焦虑可能会引起许多心血管方面的疾病，对人类的健康极为不利。生活中，焦虑不安是普遍存在的现象。少许的不安对人有好处，因为它可以促使你抓紧时间，高效率地完成任务、做事情，但若是焦虑过度则对身体非常有害，可能会导致身体器官的疾病，影响人们的生活质量。

尽管生活中有许多让人恐惧的事情，过多的恐惧不仅干扰我们的工作，也对身体有害，但是你也不必惊慌。恐惧并不是不可战胜的，只要勇敢面对，就能正确处理生活中的恐惧情绪。事实是，只要愿意，就可以对自己担心的事采取建设性行动，妥善处理，甚至变恐惧为生活和工作的动力。能够采取行动正是积极思

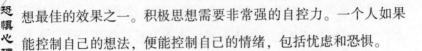

想最佳的效果之一。积极思想需要非常强的自控力。一个人如果能控制自己的想法，便能控制自己的情绪，包括忧虑和恐惧。

用顽强的意志力战胜恐惧

俗话说得好，"三军可以夺帅，匹夫不可夺志也。"也就是说，一个人只有控制好自己的意志，别人才会重视你，才能在人际关系中处于优势，才能生活得从容不迫，才能在人生中始终保持乐观而健康的态度。正如法国思想家拉罗什福克所说："无畏是灵魂的一种强大力量，它将使灵魂超越那些苦恼、混乱和巨大危险可能引起的情感。而正是靠着这种力量，英雄们在那些突发和最可怕的事件中，也能以一种平静的态度来暗示和支撑自己，并继续自由而充满智慧地运用他们的理性。"

之所以感到恐惧，是由于你的意志正被一种无孔不入的消极思想所占领，那么，应对和战胜恐惧就要依赖于坚强的意志。

1. 树立远大的目标，拥有坚强的意志

你应该相信自己有能力，完全可以战胜生活中的一切艰难困苦。对任何事情都应兢兢业业地去做，毫不畏惧，永不退缩，永远充满勇气和决断力。事实上，也只有自信的人才能勇敢而坚强地去克服种种困难，并在这个过程中进一步增强信心，发挥出自己的聪明才智，在事业上取得进步和成功。尽管有时只

需要一点点勇气就能把事情做得很好，但人们之所以不去做，只是因为他们认为这是不可能的，而实际中的许多不可能只是存在于人们的想象中。不是不可能，只是人们在想象中认为不可能而已。

曾经威风八面、雄视欧洲的拿破仑有句名言："不想当元帅的士兵就不是好士兵。"它激励了一代又一代不同肤色、不同语言的世界各地的有志青年。拿破仑本人正是这一名言最好的实践者和榜样。他原本是个矮小的科西嘉人，经常受人欺负，因此在别人眼里肯定与将军、元帅无缘，可他偏偏渴望有朝一日能够去统率千军万马。正是这强烈的愿望加上不屈不挠的奋斗的精神，使他成为了人类历史上少有的豪杰和伟大的统帅，建立了赫赫战功，对历史产生了举足轻重的影响。

对于意志薄弱的人，就要针对性地努力去培养自己坚强的意志。消除畏惧心，是一个人成功的前提。没有畏惧心的人，在一切自然环境、社会环境中，都有着按自己的意图行事的强大生命力。他们可以做到无所顾忌地朝着原定的奋斗目标英勇前进。他们有强烈的自信，拥有不怕危险和失败、大胆猛进的勇气，具有勇于接受挑战、反对现存秩序的素质。他们不断从事改造社会、改造自己的工作。他们力图寻找自己的对手，打垮敌人，并以此来激发自身潜在的斗志，最大限度地发挥出自己的能量。

2. 与磨炼意志同样重要的是磨炼你的品质

一个意志薄弱的人，就要努力去培养自己的毅力和品质。遇到任何问题，即便是面临失败，也不能灰心丧气，意志消沉，要勇敢地去正视它，以积极的态度想方设法寻求解决问题的方法。一旦问题解决了，自信心也将随之得到增加。

如果觉得自己性格中有懦弱、消极的一面，应该不断对自己进行积极暗示，不断提醒自己："我是坚强的，我比别人勇敢，这世界上应该是没什么东西可以压垮我。"如果经常反复地对自己这样说，就等于不断地把健康、积极进取的观念输入潜意识中，时间长了，这些健康有益的观念也必定会悄悄地、无意识地改变你的人生态度，使你变得坚强和果敢。成功学大师卡耐基说："我们每个人的生活面貌都是由自己塑造而成的，如果我们能学着去接纳自己，逐步看清楚自己的长处，也能意识到自己的短处，便能站稳脚跟再前进，达到目标。"其实每个人与生俱来的素质是不相上下的，别人能成就的事情，你也可以；人家能建立的大功，你也一样可以做到。一切艰难和困苦，都要由自己一个人来承担，而不要退缩，甚至去推卸责任，要勇于承担一切后果。你应该有着充沛的精力、永不枯竭的活力和伟大的魄力，要鼓足勇气，下定决心，坚决与一切懦弱的思想做彻底的斗争。只有自信，才能激发进取的勇气，才能去享受生活的快乐，也才能最大限度地去挖掘出自身潜在的力量。生活中许多恐惧不安，其实都是仅仅因为你的信心不足而已，所以一旦获得了信心，许多问题就会迎刃而解了。

3. 用踏踏实实的行动逐渐去强化自己的意志

希望可以给人带来一个可以追寻的梦想，但一个人不能总永远生活在希望和幻想之中，这是多么不切实际。所以有理想和希望固然重要，更为重要的还是行动。多接触社会，在社会实践中经受风雨的历练，才能成长为一棵参天大树，一个能够自如地在事业上获得快乐的人，就是一个成功的人。

假如你已经意识到自己有懦弱的缺点，就应当学会变得坚强起来。当然，这不是一朝一夕所能改变的，只要努力培养自己正确的人生观和价值观，懦弱就不会再是你的特点。成功来自于勇气，这句话是有哲理的。勇气一方面有天生的自然因素，更重要的是，来自于对自己和世界的认识，是在日常生活和事业的磨炼中通过点点滴滴培养出来的。

接受不可避免的事实

命运中总是充满了不可捉摸、无法预知的变化因素，如果能给我们带来快乐，当然是好的，我们也很乐意接受这个结果。但事情往往并非遂人愿，甚至有时会带给我们可怕的灾难和深深的恐惧，如果我们不能试图学会接受它，相反却让灾难主宰了自己的心灵，那么我们的生活就可能永远失去阳光和笑声。

威廉·詹姆士曾说："心甘情愿地接受吧！接受事实是克服任何不幸的第一步。"美国俄勒冈州的康莱女士深有体会地认识到了这一点。她曾因无法去面对现实而差一点失去继续活下去的勇气，她的最初感受是："在美国上下欢庆我军在北非大获全胜的那一天，我收到了作战部的电报，我的侄子——我最挚爱的人——在一次作战行动中失踪了，不久以后，另一封电报又通知我他已阵亡了。"

于是，哀伤击倒了康莱女士。在此之前，她总觉得命运待她不薄甚至垂青于她。她有一份很喜爱的工作，而她帮忙抚养的侄儿也是一位年轻有为的青年。她曾以为自己的耕耘和辛勤付出将会得到甜美的回报，不曾想却收到这样的电报。噩耗传来，她的精神彻底崩溃了。康莱女士觉得已经没有任何活下去的理由了：她对工作、朋友视而不见，她抓不住任何东西，剩下的只有愁苦及怨恨。为什么她会失去钟爱的侄子？这么好的孩子应该有光明的前景，他为什么会被打死？她实在无法接受这个残酷的现实，她哀伤过度，决定放弃工作，找个地方独饮眼泪，试图抚平心中的创伤。

就在康莱女士把桌子收拾得干干净净，准备递交辞职书时，无意中看到一封信，正是那位侄子几年前康莱女士母亲去世时写给她的。他在信上说："当然，我们都会在很长时间里怀念她，特别是你。但我相信你肯定能扛得过去。你有自己的人生哲学。我永远不会忘记你教导给我的一个铭刻于心的真理：无论在任何地方，都要像个男子汉，微笑着迎向任何该来的命运。"

看完这封信后，康莱女士回到桌前，收起愁苦，自己对自己说，既然事情已经发生了，我也不能做任何改变，但是我还可以做到他所期望的，做个真正的"男子汉"。康莱后来说道："每天，我把自己的精力完全投入到工作中，并且开始给战士们写信，尽管他们是别人家的男孩。晚上，我去参加成人教育班，试图找到新的嗜好，并去结交很多新朋友。我几乎不敢相信自己的变化，而哀伤也在这个过程中完全离我而去。现在，我开开心心地度过每一天，正如我侄儿所希望看到的。我的生活也很平静，充满了温馨与快乐。我很坦然地接受了命运的安排，所以，事实上我比以前享有了更丰富也更完整的人生。"

康莱女士学习到的正是我们每个人迟早要意识到并要学会的道理，那就是：只有接受并主动去适应那些不可变更的事实。即使贵为一国之君也应该常常这样提醒自己。英王乔治五世在白金汉宫的图书室里就挂着这样一句话："请教导我不要凭空妄想，或作无谓的怨叹。"哲学家叔本华也曾表达过同样的思想："逆来顺受应该是人生的必修课程之一。"

显然，环境不能决定我们是否快乐，相反，对事情的行为反应会反过来进一步决定着我们的心情和态度。

只要咬紧牙关，挺起胸膛，都能度过灾难与悲剧，并最终能战胜它。也许我们察觉不到，每个人的内心都有一股很强大的力量帮助我们度过灾难；实际上，每个人都比想象得更坚强，因为我们还有很多潜能可以挖掘。

已故的美国小说家塔金顿曾常常说："我可以忍受一切变故，但是除了失明——我绝不能忍受失明。"

可是在他六十岁的某一天，当他看着地毯时，发现地毯的颜色正在模糊起来，再也看不出任何图案。于是，他去看医生，得知了一个残酷、致命性的事实：马上就要失明。随着病情的一步步恶化，他的一只眼差不多完全瞎了，另一只也将接近失明，有一天，他最恐惧的事终于发生了。

塔金顿对这最巨大的灾难是如何反应呢？命运怎么能这样的捉弄他呢？他是否觉得："完了，我的人生彻底完了！"完全不是的，令大家惊讶的是，他的心情还很愉快，甚至充分发挥出他的幽默感。一些浮游的斑点阻挡他的视线，而当大斑点晃过他的视野时，他会说："嗨！又是这个大家伙，不知道他今天又要游到哪儿去！"完全失明后，塔金顿说："我现在已经完全接受了这个事实，也可以去勇敢面对任何状况了。"

为了恢复视力，塔金顿在一年内必须接受 12 次以上的手术。手术只是采取局部麻醉。他了解这是必须的，不可逃避的，唯一能做的就是优雅坦然地接受。他放弃了私人病房的条件，而和大家一起住在大众病房。想办法让大家高兴一点。当他必须再次面对手术时，他提醒自己是何等幸运，"多奇妙啊，科学已进步到连人眼如此精细的器官都能动手术了。"

平凡人如果接受了 12 次以上的眼部手术，到最后还要忍受失明之苦，可能早就崩溃了。塔金顿却说："我不愿用快乐的经验来替换这次的体会。"也就是说，他学会了接受。相信人生没有任何东西会超过他的容忍力，就像约翰·弥尔顿所说的那样，这次经验使他懂得了"失明并不悲惨，无力容忍失明才是真正悲惨的"。

新英格兰的格丽·富勒曾将一句话奉为真理，这句话是："我接受整个宇宙。"

汤斯·卡莱尔在英国听说后，说："她最好如此"。是的，你我也最好能接受不可避免的事实。我们有太多愿望不能实现，失去了太多珍贵的东西，我们的旅途不总是一帆风顺，如果不接受现实，不接受命运的安排，同时又不能改变分毫事实，就会感到生活是多么的艰难。事实上，唯一能改变的，只有自己，调整自己的心态，平静面对现实，生活才不总是充满痛苦。

卡耐基也说："有一次我拒不接受一件不可改变的事情。我像个蠢蛋，不断作无谓的反抗，结果带来无眠的黑夜，我把自己整得很惨。终于，经过一年的自我折磨，我不得不接受无法改变的事实。"多少名人且是如此，正是接受了生活中的无奈与磨炼，才使他们有了更好的选择和追求，有了更大的成功。

作为平凡的和即将不平凡的我们面对不可避免的事实，应该学会接受，应该学着做到像诗人惠特曼所说的那样："让我们学着像树木一样顺其自然，面对黑夜、风暴、饥饿、意外与挫折。"

人应如此，其他动物也毫无例外。一个有着 12 年养牛经验的人说过，他从来没见过一头泽西母牛因为草原干旱、下冰雹、寒冷、暴风雨及饥饿而会有什么精神崩溃、胃溃疡等问题，也从不会疯狂。同时生活在这现实中的生灵，人和牛不也应该有一些相同之处吗？

举这个例子的意思并不是说我们应该像泽西母牛那样束手接受所有的不幸，那只是宿命论。只要有任何可以挽救的机会，我们就应该奋斗，就应该追求，去实现我们的所想所愿。但是，当发现形势已不能挽回了，最好不要再思前想后，拒绝面对，接受现实也许是最好的选择。

哥伦比亚大学的堆克斯教务长有一个值得所有人记住的从儿歌改过来的座右铭："面对任何病痛，先看有无药方；有，就去寻找！没有，那就算了。"

这句话内容简单，但却意义深刻，它明确地告诉了我们坚持追求和接受现实的辩证关系。生活中我们要做有追求的人并坚持不懈。然而，面对客观的现实生活，同样要接受不可避免的事实，唯有如此，才能在人生的道路上掌握好平衡。

承认恐惧，用建设性行为来解决恐惧

恐惧中的情绪反应具有普遍性，所以可做一般性的描述。所有的恐惧都可以通过建设性的行为来解决。

一位20岁的小伙子死于司机酒后开车所造成的车祸。事后，其父亲仿佛听到儿子对他说："爸爸，别让其他人再像我一样。"于是，这位父亲开始展开反对酒后开车的运动，借以增强公众安全行车的意识，并建立了一个服务网络来帮助那些具有相同遭遇的人们。这也许是个极端的例子，但它的确证明了遭遇可怕损失的人们可以并能够依据自己的经验找到改变环境的方法。虽然这位父亲不能使自己的儿子起死回生，但他用自己的行为给儿子的死赋予意义，给自己的生活树立了一个目标。

我们可以通过积极的努力，运用问题中心的处理策略来改变许多既成的恐惧境况。问题是要知道我们拥有多少改变境况的机会。对于这一点没有任何保证，唯一可以明确的是，如果你不想做，那么肯定不会成功。我们在确定自己能够做些什么（包括做出判断）的时候，不可避免地要受到目前的情绪状态和过去经验的影响。

试想，一个在遭遇恐惧前从未有过成功改变境况经验的人，在恐惧中其沮丧的心情又引发出一系列心灰意冷的念头，这样的人即使有许多的机会可以改善境况，他也不可能采取积极的行动。

"我真的很为你担心，简。"彼得出走将近六个星期后，詹妮丝·鲍尔斯的朋友罗伦娜一天早上去看望她时这么说道。罗伦娜发现简还躺在床上，房子里乱七八糟。

罗伦娜生气地说："难道你要让这点小事毁掉你的生活吗？看在上帝的面子上赶紧振作起来吧。"詹妮丝痛哭起来，说自己实在不知该干些什么。所有人都知道发生了什么事并取笑她。她没有钱，孩子又太顽皮，所有的事情都让人心灰意冷。

罗伦娜对此并不在意："你为抚养费的事去见过律师了吗？把自己打扮得漂亮一点，走出家门去会会朋友不好吗？肯定会有人借给你钱的，有机会的话，我很愿意晚上替你照顾孩子。"

　　詹妮丝听后只是叹息和摇头，不相信自己能改变境况。她宁愿把自己想成别人的牺牲品，也不愿做自己权利的主人。她缺乏迎接挑战并争取成功的经验。更糟的是，她认为真正的成就（比如抚养两个孩子长大）不是一种"工作"，也没有任何价值。

　　一个人动力系统中的信念缺乏是问题解决的最大障碍，因为没有要改变境况的企图。一个人的态度很难在一夜之间改变，但像詹妮丝这样的人可以学习用积极的观点来看待问题。

　　相比之下，那些具有相似的感受，但以前面临恐惧时把自己想象成一名"战士"，并有效地解决了问题的人，则很少被无助的感觉击倒，采取建设性行动的可能性将更大。这就是有经验的人与无经验的人之间的重要区别。那些经常视恐惧为一种挑战的人和那些认为遭遇恐惧等于拥有一次改变命运的机会的人，都很少因恐惧而得病。目前，我们不知道这是因为这些人能够采取建设性行动，以至于恐惧不能引起较强的实际反应；还是因为这是一个纯心理学现象，一些人对压力的免疫力确实较强。可能二者兼而有之吧。然而，这确实表明恐惧受害者的期望会影响到恐惧的结果。

　　对现实的估价可以帮助个体制定行动计划。和情绪调整法一样，制定计划的过程是一种内在的心理过程，如果把它记录下来效果会更好。此计划将列举行为的准则、行为的可能性、提醒自己先做什么、再做什么等。当正常的心理活动遭到损害时，此计划将对人们注意力、记忆力和调节能力的恢复起重要的帮助作用。它还可以提供明确的因素以便人们更好地把握令人迷惑的情境，这可能是计划法的一个主要的（调节情绪）功能。计划是否具有控制力，或仅仅是控制的一种错觉并不重要，重要的是它能在一定程度上控制情绪，并使人预知未来的某些能力得以恢复。专业工作人员可以经常协助恐惧受害者制定行为计划，并按计划行动。但要注意：不要为他们制定计划，而只是站在他们身后帮助他们制定计划。

自信满满，当众说话并不可怕

生活中的每一个人，都希望能把自己最好的一面展示给别人，得到别人的认同和赞赏，才能获得愉悦的人际关系。然而，很多时候，一些人在自我展示——当众发言的过程中因为内心恐惧而给他人留下了负面的印象。在一群人面前说话真的有这么恐怖吗？曾经在美国有一个调查，人类的14种恐惧中，排在第一位的恐惧你知道是什么？是当众说话。可能你也有这样的经历，学生时代，活泼开朗，和同学们打成一片，但只要老师让你上讲台朗诵课文，你就面红耳赤，甚至结结巴巴。爱默生曾说："恐惧比其他任何事物都更能击败人类。"即便那些演讲大师也会紧张，只是在逐渐的努力中，克服了恐惧。

美国成人教育家戴尔·卡耐基先生毕生都在训练成人有效地说话。他认为，成人学习当众说话，最大的障碍便是紧张。他说："我一生几乎都在致力于帮助人们克服登台的恐惧，增强他们的勇气和自信。"

任何人都明白，要想在公共场合说话，就要自信满满，而恐惧是良好表达的天敌，一个人在"不敢说"的前提下是"说不好"的，唯有卸下恐惧的包袱，在语言中注入自信的力量，你才能成为一个敢于表达的人。然而，令不少人苦恼的是，人们对于当众讲话都会有不同程度的紧张感，所以，一定要突破当众讲话让我们感觉到紧张的心理障碍。

在朋友的眼中，小宇是一个特别自信的女孩。在与别人说话时，她完全像个成熟的小大人一样落落大方、毫不畏惧，每当有人问起"你为什么这么自信"时，小宇都要讲起小时候的故事——从小到大，父母都特别宠爱她，然而，小宇一直很害羞，家里来了亲戚，她都会躲起来，一在生人面前说话就脸红。后来，为了帮助女儿克服恐惧，父母鼓励小宇经常在众人面前说话，比如参加社区的少儿才艺比赛，上课时要积极发言等。说来也奇怪，过了一段时间后，小宇好像变得自信起来。现在的小雨已经长大成人了，已经在一家知名的文化单位找到了满意的工作，她始终是个特别自信、特别阳光、性格开朗、人际关系好的女孩

这里，我们看到了一个害羞的女孩在不断当众说话的过程中逐渐变得健谈、自信起来。可能有些人会说，我一在众人面前说话就紧张，该怎么克服这个毛病呢？

1. 积极暗示，淡化心理压力

你不妨以林肯、丘吉尔这些成功的演讲者为榜样，他们的第一次当众演讲都是因紧张而以失败告终的，并在心里做自我暗示：紧张心理的产生是必然的，也是不能避免的，我不该害怕，我只要做到认真说话，就一定能说好。抱着这样的想法，紧张心理会慢慢缓解下来。

2. 不必过多地考虑听者

法拉第不仅是英国著名的物理学家和化学家，也是著名的演说家。他在演讲方面取得的成功，曾使无数青年演讲者钦佩不已。当人们问及法拉第演讲成功的秘诀时，他说："他们（指听众）一无所知。"

当然，法拉第并没有贬低和愚弄听众的意思。他说的这句话是要告诉我们，建立信心，才能成功表达。

事实上，可能很多人在当众说话的时候，过多地考虑了听者的感受，害怕听者能听出自己的小失误，其实，大可不必有这样的想法，因为在说话时，谁都可能犯点小错误，没有谁会放在心上。再者，即使讲错了，只要你能随机应变，不动声色地及时调整，听者是听不出来的，何况，即使有人听了出来，也只会暗暗钦佩你的灵活机智，对你会有更高的评价。

3. 经常当众发言，有意练习

卡耐基说：当众发言是克服羞怯心理、增强人的自信心、提升热忱的有效突破口。这种办法可以说是克服自卑的最有效的办法。想一想，你的自卑心理是否多次发生在这样的情况下？你应明白：当众讲话谁都会害怕，只是程度不同而已。所以不要放过每次当众发言的机会。

任何人在众人面前开口前，都要克服恐惧，并学会一些消除恐惧的方法，只有这样，才能渐渐消除表达时的恐惧，成为一个会说话、会表达的人。

第四章 自我掌控：
摆脱恐惧其实并不难

恐惧一旦入侵我们的内心，就很可能会一发而不可收拾。自信能够帮助我们战胜恐惧心理，让我们越过眼前的障碍。事实上，人们之所以害怕很多事情，是因为不敢鼓起勇气去做，不相信自己能够做成。如果你相信自己，迈出第一步，说不定一下子就做成了，你害怕的结果并不会出现。

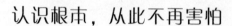

认识根末，从此不再害怕

所有人都在某种程度上感受过恐惧，承受过孤独，害怕痛苦，向往安宁。我们常常掩饰自己隐秘的感觉，避免与习俗相冲突，大家对此都心照不宣。

为了埋藏自己的恐惧，我们正为此付出高额的代价；我们默默地、不自觉地压抑着自己所有的情绪反应，不论好坏，无论喜怒，都不形于色。结果，当工作机构急切需要我们发挥创造力和工作能力的时候，需要我们拿出克服困难的勇气的时候，甚至表达愉悦心情的时候，我们已经不懂得如何把它们从内心深处调动出来。

潜在于我们心中的恐惧感，驱使着我们与所属的组织，成为我们最不愿面对、最不想说出口的尴尬。在许多组织中，说出恐惧感就等于承认自己的无能。随时随地，看到人们否认自己心中的恐惧。他们用花言巧语欺骗自己，抹杀自己内心对恐惧的感受，而这正反映了其内心真正的恐惧。他们会想出各种道理来自圆其说，并设计出各种看似理性化的过程，阻断信息的流通，让恐惧不从内心流露出来。于是，就在这个过程中，恐惧会在内心日益强化。

潜意识中否认恐惧的存在，使我们无法采取有效的行动，而是一味徒劳地去尝试改变和控制无法控制的事情。更糟糕的是，将这些恐惧存储于身体中，对心理和身体都造成严重的负担，最终身心疲惫，积劳成疾。事实上，人们的绝大多数恐惧都是完全没有必要的，但这种惯性的恐惧氛围却难以消除。严重者甚至可以将任何事都视作自己的恐惧对象：做生意担心赔钱，吃饭担心吃坏肚子，开窗担心吹风受凉，大声讲话担心隔墙有耳。这种人连仔细看清楚事实的勇气都没有，一味自以为是地沉浸在莫名其妙的恐惧之中，就好像得了恐惧症一样。

相对于引起人们恐惧的对象而言，更加可怕的是人们怯懦的心理。举个例子，如果一个人内心脆弱，面对很多事情的时候都会感到恐惧。比如这个人将要在一个月后参加一场重要的考试，在这一个月的准备过程中，他会一直处在恐惧之中，害怕自己发挥失常、害怕失败，整天提心吊胆。事实上，考试并不是一件令人害怕的事情，令人陷入困顿和恐惧的，是人的内心。

这种自我折磨的行为被维克多·雨果称作"行刑前的最后几小时"。由这样的称谓，就能够了解到其痛苦程度。陷入这种恐惧痛苦的人，整日吃不下睡不香，无论对什么活动，都没有热情，不能全身心地投入任何一件事。不管身处何时何地，只要一想到将要面对的考试，便会深陷恐惧之中，难以自拔。

可见，恐惧一旦入侵内心，就很可能会一发不可收拾。因此我们一定要提高警惕，坚决不给恐惧以可乘之机。很多人之所以会忧心失败和贫穷将要降临到自己身上，原因就是无知。当意识到自己完全具备成功的能力时，便会自动消除对失败的恐惧。而自信心的缺乏源于对自身才能的过分低估。所以说，要建立起自己的自信心，有战胜挑战的信心和勇气，就可以消除恐惧心理。

自信能够帮助我们战胜恐惧心理，让我们越过眼前的障碍。事实上，人们害怕很多事情，是因为不敢鼓起勇气去做，不相信自己能够做成。如果你相信自己，迈出第一步，说不定一下子就做成了，你害怕的结果并不会出现。

萧伯纳年少时，有一次有急事，需要找校长，当他来到校长室门前的时候，却不敢敲门。他心里非常着急，手却抬不起来，他太怯懦了，害怕跟校长讲话。萧伯纳站了一会儿，心想，既然鼓不起勇气，不如走吧。于是，他转身离开。

走了几步之后，萧伯纳又站住了，他想：如果这次走了，我就永远是个怯懦的人，今天一定要进去！一定要把事情办成！再次走到校长室门口的时候，他又犹犹豫豫。最后，萧伯纳终于敲开了校长室的门。由于他浪费了近半个小时的时间，他的要紧事情已经被耽误了。

经过这次教训之后，萧伯纳决心彻底战胜自己的羞怯和懦弱。他开始试着在众人面前讲话，最初的时候，他的手脚总是在打哆嗦，有时候连语调都变了。但是，萧伯纳不再退缩，而是不断训练自己。慢慢地，他变得自信起来，讲话的时候底气十足，语言洪亮，再也不羞怯恐惧了。

大多数处于彷徨期的人，都是被恐惧心理绊住了，与萧伯纳的少年时代又何其相似。因为恐惧未知，很多人怕羞、谦卑、多虑、爱面子、怕人耻笑，不敢按照自己的想法做事。对未来的担忧会严重挫伤自信心，让我们对未卜的前途充满惶恐，完全不相信自己将会取得成功。这样一来，成功势必将终生远离我们。因此，我们要时时刻刻对恐慌提高警惕，一旦在自己的情绪中发现恐慌的蛛丝马迹，就要马上采取行动将其驱逐出去。有一剂排除恐慌的良方，叫做无畏与自信。在恐慌面前，要告诉自己："恐慌是弱者才有的专利，我绝不是他们之中一分子！恐慌者全都是卑微的人，而我是强者，绝不会让恐慌占据我的内心。陷入恐慌的情绪是一种莫大的耻辱，我断然拒绝这样的耻辱事件发生在我身上。"

其实很多时候，正是莫名的胆怯，使得无数好的建议、好的构想、好的创造被扼杀，使得你的事业一直徘徊不前。因此，我们一定要足够自信，战胜恐惧心理，敢于得体地表露自己好的想法和构思，使别人看到自己的才华，看到自己的闪光点。

现实生活中，恐惧心理人人都有，并不能完全避免，而是要尽力克服。要想发挥自己的能力，超越自我，消除恐惧心理，保持信心非常重要。在严峻的现实和激烈的竞争面前，很多人在未行动前便败给了自己，这是非常令人惋惜的事情。只有克服恐惧心理，做事的时候才能够发挥自己的能力。一个人如果克服恐惧，他的心就会变得无比勇敢，将不会惧怕未知，不再怯懦，而是用热情和斗志去面对未知，接受挑战，不断克服困难，成为一个不可战胜的强者。

运用积极的暗示清除内心恐惧

一个面对事情总是害怕或在困难面前总是唯唯诺诺的人，其"内在自我"常常是非常幼稚且虚弱的，其内心常常极容易被"消极的暗示"所统治和占领。在某些特定因素的刺激下，他们会认为自己不如别人，无法超越别人，从而不断进行自我否定，事事都自惭形秽，最终一败涂地。

美国加州有个叫贝利·约翰逊的年轻小伙子，在车站货运组工作。一天晚上下班后，贝利·约翰逊留下来做最后的检查。在检查车间最后一辆冷藏车时，车门的弹簧突然绷断，他被反锁在车中。

第二天早晨，人们发现身穿短袖上衣的贝利·约翰逊已经死去多时。实际上，那辆车制冷系统出了故障。冷藏车的电脑记录证明，当晚车厢内平均温度是18℃，绝不至于冻死人……车厢内壁上有贝利·约翰逊用笔写下的遗书，其中有几句话是这样的："我就要被冻死了！""我全身正慢慢失去知觉……"法医对他的尸体做了鉴定，结果令人大吃一惊：尸体呈现出很多冻死者特征。

贝利·约翰逊其实是被自己的潜意识杀害的。他的脑中不断地向自己的意念输入负面的情绪"我要被冻死了"，致使其意志力减弱，从而真的被冻死。

奋斗过程中，很多人心中都潜藏着"消极暗示"。一般悲观的人总会自怨自艾而一败涂地，严重的还可能会导致死亡。与之相反的是积极心理暗示。所谓积极心理暗示，就是坚信自己一定能行，一定能够办好自己想做的事，一定会顺利地完成任务，一定能够实现人生的目标。一个人拥有这样的信念，就能跨越一切障碍、险境和困难，最终走向成功。所以，要想成功，就一定要努力超越心中的"冰点"，塑造积极的心理暗示。

罗杰·罗尔斯是纽约第53任州长，也是纽约历史上第一位黑人州长。他出生在纽约声名狼藉的大沙头贫民窟中，那里环境肮脏，充满暴力，是偷渡者和流浪汉聚集地。在那里出生成长的孩子，从小就耳濡目染，逃学、打架、偷窃甚至吸毒等，长大后很少有人能从事较为体面的职业。然而，罗杰·罗尔斯却是个例外——他不仅上了大学，而且成为州长。

原来，罗杰·罗尔斯的成功得益于小学校长皮尔·保罗。罗杰·罗尔斯上小学时，正值美国嬉皮士流行。皮尔·保罗走进大沙头诺必塔小学时，发现那里的穷孩子比"迷惘的一代"还要无所事事——他们不与老师合作，旷课、斗殴，甚至砸烂教室的黑板。

看到那种状态，皮尔·保罗决定改变一下，他改变的秘诀是给予孩子们积极肯定。

有一天，当罗杰·罗尔斯从窗台上面跳下来，伸着手走向讲台时，皮尔·保罗对他说："我一看你修长的小拇指，就知道你将来一定会成为纽约州州长。"

罗杰·罗尔斯大吃一惊，因为他长这么大，只有奶奶说过他将来有可能会成为一个五吨重小船的船长。对皮尔·保罗的称赞，罗杰·罗尔斯着实有些意料之外。于是，他就永远地记下了这句话，并且深信不疑——在以后40年人生生涯中，他不断用这句话来激励自己。他衣服上不再沾满泥土，他说话也不会再夹杂污言秽语，他开始挺直腰杆走路——没有一天不按州长身份来要求自己。果然，在他51岁那年，他真的成为了纽约州州长。

由此可见，积极的心理暗示，会影响人的一生。对此，哈佛大学的戴维·麦克莱兰教授指出，要想改变自己的潜意识，发挥出自己的能量，首先要学会战胜内心的恐惧并进行自我肯定，让自己的思想可以接受各种形式的积极暗示，从而让自己取得种种意想不到的成绩。因为，一个人越是肯定自己，他就会变得越强大，越是否定自己，他就会变得越消极胆小，他的能力就会渐渐消失。如果一个人总是用积极信号引导自己，告诉自己"我能够行"、"我可以做到"，那么他自身的潜能就有可能被激发出来，他就有可能取得成功，实现其目标。

你的好奇心超越了恐惧感吗

达尔文出于好奇，把一些没有危害的蛇放进一个纸质袋子里，接着把袋子扔到动物园里的猴子旁边，看看那些猴子会怎么处理这个纸袋。马上就有很多猴子一个接一个地跑到纸袋旁边，往里面一看，被惊吓得赶紧跑开了，接着又渐渐地跑回来瞧一瞧，又被吓得跑开。由此可见，它们的好奇心超越了对蛇的恐惧心理。

同样，人类的好奇心也是这样的，只是情况相对复杂一点罢了。有一些人的恐惧感比好奇心重一点，而另一些人的好奇心比恐惧感重一点。况且，有时候，对于那些千奇百怪的事情，我们同时会具备这两种心理。

在同一件事情上，好奇心会让你向前走，而恐惧感会让你往后退。这是人类天然的身体结构，使得我们具备这样的好奇心和恐惧感，这完全是强大的天性使然，恐惧感带来的行为就是退缩、哭泣、躲避、逃跑、禁闭等。而好奇心却会吸引你的注意力，让你不断前进，并且仔细观察，也许还会让你对你遇到的人或者食物，产生亲近或者爱慕的心理。

相对于婴儿的恐惧感来说，好奇心更容易产生，但要让婴儿产生恐惧感也非常容易。

在一个电影中，出现了很多婴儿和一些动物在一起玩，那些动物包括白鼠、黑猫、兔子、猫、狗和白鸽，甚至还出现了蛤蟆和蛇。因为这些动物的样子都不一样，可以很容易让婴儿产生好奇心。然而，假如这些动物中有一些动物突然变得粗暴起来，像蛤蟆跳一下，或者一只叫得很大的狗，或者一只粗野的小猫过来打搅一下，这时候婴儿就会变得恐惧起来，之前的好奇心也会瞬间降低。如果一个婴儿当场受到惊吓之后就很难再变成之前好玩的本性。

达尔文在实验中利用的这些猴子们，其实也和很多小孩一样，体现出一种带着恐惧感的好奇心。大人可以同时很害怕和很好奇。所以我们就用很多想出来的办法，来满足人们的好奇心和恐惧感。于是，游乐园里有乘过山车的游戏，让人获得一种安全的震撼。你可以任由好奇心的驱赶，去体会在那些羊角道上滑车的碰撞和激流是什么感觉。一辆车行驶在坦途上，不可能让你感到刺激和兴奋，除非碰撞得很严重，速度又非常快，以至于人们只能被惊吓得大喊大叫、大口出气、心跳加速。

自然为何把人类设计成这样，这是有道理的。新事物可以吸引人的注意力，而且好奇心可以使人获得智慧。你为何会对新事物小心翼翼，甚至缩手缩脚，那是因为害怕危险的降临。人总是觉得，只有熟悉的事物才是安全的。但是，新事物和不熟悉的事物却难以确定一个稳定的尺度。一个婴儿会对自己的妈妈和保姆感到舒适，假如一个陌生人跑过去抱着他，他就会哇哇大哭。但是，有些孩子却不认生。年纪更大些的孩子对屋里的新摆设更喜欢拿来玩耍，小孩之所以会被新事物所吸引，因为太熟悉的东西已经无法激起他的好奇心和恐惧感。因此，小孩总是喜欢新玩具。

不管什么事情，一旦对之了如指掌以后，兴奋感就会大大降低。如果你以前从未乘坐过飞机，好奇心就会驱使你去坐一次飞机，但是，与此同时，你仍然会有恐惧感。你可以自问一下，到底是好奇心更大，并且驱使你去坐飞机呢？还是你的恐惧感更强烈，并且使你放弃坐飞机呢？

在好奇和恐惧交加的状态中，有些好奇心强烈的人在选择外国的食物的时候总要吃自己没有吃过的。另外，还有一些人去外国游玩的时候，却说自己无法吃下异乡的食物。喜欢探险的人的好奇心要比恐惧感强烈，而那些固守家园的人却恰恰相反。然而，大多数人同时具备这两种心理，一方面愿意固守家园，另一方面也愿意找个合适的机会换一个环境生活。总而言之，倡导自由的人和因循守旧的人之所以不一样，是因为他们在这两种心态上的差别。

逃避带不来真正的安全感

逃避是恐惧的核心。为了远离恐惧，人们习惯性地保持戒备，敏锐的感官特别容易发现危险的情境，人们在遇到危险时的第一个反应是逃跑，然后才会想到自己是不是有能力迎难而上。很多人因为恐惧而成为"逃跑专家"。

感到恐惧的人首先要逃避危险的情境。比如害怕蜘蛛的人避免去阴暗潮湿的地方；社交恐惧的人避免去人多的场所；广场恐惧的人尽量不去空旷的地方；驾驶恐惧的人选择除了汽车以外的其他交通工具。情境逃避是最简单、最低级的逃避。

人们还要逃避与恐惧有关的事物。比如一个害怕不能完成销售任务的推销员尽量不去想任务不能完成该怎么办；害怕雷电的人总是远离那些讨论雷电造成了多少损失的人群；害怕血液和伤口的人绝不看恐怖片。因为直接导致恐惧的不只是恐惧的现场，还有营造恐惧的气氛，包括图片、语言等，所以这些与恐惧对象有关的场景也是人们逃避的对象。

人们还要逃避恐惧带给自己的主观感受。在恐惧对象面前，总是感到心跳加快、胸闷、呼吸不畅，大脑里不断想象令自己害怕的事物。比如，一个害怕鸽子的人，在看到天空中飞的鸟以后，感到极端的恐惧。他竭尽全力地告诉自己不要想着那只鸟，那只鸟不会掉在自己身上……此时，他就在逃避自己的心理感受，试图让自己忽略天空中飞过一只鸟的事实。

身体的感觉也是人们经常逃避的对象，不过在有的恐惧情境中，人们过于在意身体的反应，比如赤面恐惧、呕吐恐惧等。

逃避给了人们暂时的安全感。虽然这种安全感是短暂的，但人们在这短暂的时间内感受到了平静和安心。

杰斯从来不敢看他人的眼睛，看他人的眼睛让他感到非常不自然，焦虑的感觉会随着对视时间的增加而越来越强烈，哪怕是熟人也是如此。他深受对视恐惧的影响，为了避免与人对视，他想到了很多"行之有效"的方法，主要包括：

（1）戴上深颜色的墨镜；

（2）将帽檐压低一些；

（3）把刘海留得长一点；

（4）如果实在没有遮蔽物，那就看别人眼睛旁边的物体，比如窗帘、眼镜框等；

（5）尽量避免面对面交谈。

在刚开始他对自己的这些小发明扬扬得意，认为这样做了以后再也不害怕看别人的眼睛了。他感觉自己的眼睛不被人看见，自己被帽子"保护"了，焦虑的感觉减轻了。后来，大家都知道他在想方设法逃避与人的目光对视。杰斯发现大家总是盯着隐藏在帽子下面的他，这和眼神对视似乎没什么本质区别，此时他又感到焦躁不安了，因此杰斯感到自己对目光的恐惧不减反增。为此，他便需要再找一个可以不用看人目光的方法，不过他新找到的方法却再次在成功不久后失败了。

对于害怕暴露自己隐私的社交恐惧者，可能与杰斯有着同样的经历。首先，他们认为与人谈话中可能将自己的隐私暴露，这对以后的安全生活会带来不利影响。于是，与人交谈中就尽量东拉西扯，绝对不提及自己真实的事情。其他人想要了解他，开始追问他，他越是不做出正面回答，对方就越是追问，无奈之下回答了对方的问题，反而觉得暴露隐私给自己带来的不安更加强

烈了。

像杰斯这样的回避行为属于显性回避行为，有的人将自己的逃避伪装起来，让人看起来没有逃避，实际上他只是伪装得很好而已。比如，一个害怕猫的人，不想陪同朋友去宠物店，但他却不想将自己的恐惧表现出来，于是就对朋友说："不要养宠物了，宠物容易传染疾病""你将来可能要面临很麻烦的卫生状况""我不太喜欢猫这种宠物"。他的掩饰性成分很强，没有直接说出来"我害怕猫""猫让我感到非常不舒服"。

不管是显性逃避，还是隐性逃避，逃避的最终目的是保证自己的安全，远离危险的事物，但这都不是真的让人克服了恐惧感。逃避让人不知道自己对恐惧的忍受程度是什么样的，当恐惧感上升到一定程度并爆发时，逃避让人失去了克服恐惧的机会。逃避让人在一时感到了安全，从长久来看，丧失了了解恐惧对象的机会，恐惧感反而可能因此而强化。对于那些正在使用心理方法克服恐惧感的人，逃避让他们克服恐惧的效果大打折扣。心理学家发现，那些参加心理治疗的恐惧症患者中，适应恐惧感的人要比那些试图远离恐惧感的人更早地克服恐惧。所以，恐惧出现，应该积极面对，逃避起不到任何作用。

正视内心恐惧，再慢慢放松

当被问及生活中有没有令你恐惧的事时，很多人可能都会摇头，一时间可能想不出有什么事令自己感到恐惧。但有时生活的确是令我们非常不安。我们不禁要问，到底是什么令我们如此不安呢？

首先，就是对贫穷的恐惧。可能大多数人觉得自己并不贫穷，也没有对贫穷产生恐惧。现实的压力、物价的飞涨、住房的紧张等各种各样的问题都排着队来到我们的面前。即使体现在有一份可以维持生计的工作，有一套不大不小的住房，有一辆四个轮子的车，可你仍会时时处于不安中。你会想，自己的工作会不会长久？万一有一天失去了这份工作，房贷、车贷、日常消费等要拿什么来支付？

小梁就面对着这样的问题。他在一家外企上班，月收入1万元，每月要交房贷5000元、养车1500元，孩子花费2000元，再加上一些日常生活开销，算下来这一个月的工资基本就剩不下什么了。而小梁的妻子一个月收入3500元，基本上够一家人的生活费用，一个月下来也剩不下什么钱。小梁整天忧心忡忡，现在竞争这么激烈。万一哪天自己失业了，这一家老小怎么办呢？

也许有人觉得小梁的担忧有点杞人忧天，工作好几年基本也稳定了，哪能说失业就失业呢？再说就算这家公司倒闭了，只要有经验、有能力，到别的公司也是一样。此话倒也有理。但小梁接下来又产生了第二个恐惧——对生病的恐惧。人不是神仙，吃五谷杂粮，难免会生病。这生病可大可小，要是感冒发烧一类小病也就算了，万一生个大病，不能上班了，这一家的生计又将如何维持呢？小梁有一个同事就被查出得了肝病，结果这个同事不得不辞职去治病。公司虽然慰问捐款，但比起高昂的医药费，实在是九牛一毛。于是，小梁更加担心，万一自己生病了，怎么办呢？

比起小梁的担，小梁的妻子也有自己的担心。女人的担心可能比男人更具体感性一些。与小梁结婚有六七年了，对夫妻来说要面对七年之痒。小梁正是事业有成、魅力正显的时候，而自己随着岁月的逝去，慢慢变老，脸上的皱纹也渐渐增多。一方面是对年龄的恐惧，另一方面则是对害怕失去婚姻的恐惧。

这些恐惧都是实实在在存在于我们生活中的，人人可能都会面临这样的恐惧，而更令人恐惧的是，面对这些恐惧却毫无办法，只能任由它折磨自己的内心。太多的恐惧使我们喘不过气来，也使我们不敢对未来有任何奢望。很多时候，我们只能像孩子那样希望一觉醒来，发现这些原来只是一个噩梦。但它不是噩梦，于是我们又陷入了失望中。

恐惧是一种负面情绪，时时干扰着我们的生活，要想消除恐惧，首先就要正视恐惧的存在。不错，失业、疾病、衰老、失去亲人、离婚……这些都是我们面临的挑战，但我们至少可以不让这些恐惧没日没夜地折磨我们。人生短暂，如果把短暂的人生用来恐惧，得到的只能是恐惧的生活；如果用短暂的人生去发现快乐，那么我们得到的就是快乐的生活。

面对恐惧，放松心情，疾病、老去、失去亲人这些都是我们无法抗拒的。如果它们来了，就好好面对；如果它们还没来，就好好珍惜。如果将精力的重心放在担心恐惧上，那么你担心的恐惧真的会在某一天不请自来。因为你整日处于忧虑的情绪当中，这种负面情绪时时影响着你，使你神经紧张、压力不断，日久天长健康就会受到影响，而你所恐惧的恐怕就真的离你不远了。所以，请正视恐惧，然后慢慢放松，好好享受现在的美好生活吧。

面对恐惧，想办法改变现状

你觉得害怕，而又没办法坦然面对，但又急欲鼓起勇气，这时候，你可以自己做，但如果有别人在旁协助，比如心理健康专家、一位你信任的好友，效果会更好。

找个舒服的姿势躺下或坐下，闭上眼睛，回想起小时候发生过的某个特殊往事，在回溯历史事件时，注意观察这个小女孩或小男孩，不要把她（他）当作你的小时候，而是把她（他）看成电影里的角色。

你看见这个可爱的小朋友陷入害怕的处境时，做深呼吸，意识到你这个大人可以完全控制局面，如果这期间忽然看见、听见令你害怕的事，那就要立刻停止回想，关掉开关，不再放映。如果希望看清特殊的细节，不妨把脑中画面冻结起来，然后再继续。

有一位十岁的小女孩，在一个暖春的夜晚，站在街角，她和父母出来散步，正在津津有味地吃着巧克力冰淇淋。她的肚子痛了一整天，感觉就像有火山岩浆倒在腹内。她是个乖巧温顺的孩子，从不会大吵大闹，但忽然间，她不得不叫出声来，她丢掉冰淇淋，开始大哭大喊，腿疼痛地蜷曲了起来，她父亲一把抱起她，火速送她去医院，她的盲肠发炎了，医生给她开了刀。

现在，你看着事件重新发生，尽你所能，想办法改变现状，帮助那孩子脱困。赐给她（他）有如大人的忍耐力，问道：在事过境迁的现在，她（他）会有什么不同的反应？

在你质疑自己的能力，而又觉得非具备这种能力不可的时候，不同的记忆可能来到你的意识层次，或者同一件往事一再重现，对自己温和一些，这个练习不是要为你找寻自我鞭挞的借口；它是一个良机，为你"重建"成熟的恐惧处理。孩提时代，我们处事应变的能力有限，没有什么选择余地，长大成人，自然有较多的自觉和自信去应付棘手的窘境。

那么，当恐惧来临后，我们该如何处理呢？

1. 寻找真正的听众

通常在害怕的时候，实在很难找到一个地方可以让我们毫不忌讳地说出口。当人们问："你好吗?"他们期望听到的就是："很好,谢谢。"而不是："我吓得要死,不知道下一步该怎么做。"这种好话,往往包括兄弟姊妹、父母亲、配偶与恋人,甚至朋友,无人不喜欢。有时候,因为我们说了害怕的话,会影响他们对"我们"的评价,所以,我们假装很好,他们也就相信了。

真心说出"我很好",是一件令人愉快的事,然而正当我们在荆棘满地的森林中,艰难地寻找出路时,需要朋友听听我们的哀鸣,需要别人听我们袒露内心的脆弱。

我们的恐惧并不会比别人大,别人也同样经历过,甚至战胜过它们。有时候,难就难在别人不一定准备好当一名好的听众,但不用担心,只要你真心待人,别人总能接纳你的伤心事。

2. 理解恐惧,充实自己

恐惧心——如果有,你便会被挤到没有机会的死水中。恐惧心会以各种不同的"像"呈现,比如害怕有所改变、害怕面对未知的事物、害怕失去、害怕失败等。其实,凡世间众人皆有恐惧心,并非所有情况都会在同时发生,它甚至根本就不会发生,因为恐惧是来自自己的想象,只要有坚强的意志力便能将之克服。若能了解于此,接下来的就只有如何去克服的问题。如果你能再达成下列几种心理建设,则剩下来的问题也将烟消云散。

1. 理解恐惧,决心战胜恐惧,经常充实自己才可能做好,以此你应该打这一份自我启发的计划。这种做法可为你带来信心,也能使你的人生态度变得积极。若想确实保障自己的将来免于危难，与其等人来救，不如运用自己的头脑、靠自己的力量突破难关。所有环绕在你身边的人、事、物都在不断改变，只有自己平日积存在脑里的知识、心得永远不会变，而且只要积蓄充分，就不会因害怕困难进而逃避问题。最重要的是，你的知识别人永远偷不走，是最牢靠又能让你受益无穷的财宝，吸收愈多，好处愈多。

2. 成功虽小，亦不可忽视。由于它的累积，可以使你获得信心，并且使你同时获得向前冲刺的勇气与毅力。无论如何，经常检讨、反省、改进以充实自己的知识，必要时，信心方能变为无可比拟的威猛武器而有效地斩除所有障碍。

3. 每当面临一个新的机会，在斟酌得失之间，恐惧便会在你的内心里悄然出现，阻挠你必胜的决心。这虽然是每个人都有的心理变化，但若不趁早加以克服，便将慢慢累积扩大，当它爬满你的心，且进而侵蚀你的骨髓时，就对以救治。如果你正抱持着维持现状的观念，即应早日医治，阻止病菌继续蔓延，并从而将残留在体内的病原完全根除，以免到头来后悔不已！

至于消除恐惧的方法，只有从正面迎击，别无他法。因为恐惧一旦被姑息，便会常留在你的身边，把机会从你身旁逼走。因此，为能获得机会，就必须先消除恐惧。完成这个步骤，接下来忙不完的工作会迎面而来，多得使你不得不从中选择的机会，会让你没有时间去考虑害怕的问题。

"惹不起躲得起" 的道理

恐惧是一个精灵古怪的魔鬼，它很懂得欺负人。假如有方法调开它，它会乖乖离开，但若只要稍稍看到它的影子，接受一点，它就死缠着你了。这时，就需要转移视野，转移注意力，要尽力把注意力从引起恐惧的事物上转移到与此无关的方面去。如果恐惧情绪一时得不到解决，就干脆弃之不理，采取不理睬的态度，学会暂时的回避。久而久之，这种不良情绪就会淡化，并慢慢消失。或者去读书，它会让你头脑充满智慧，给你力量；或者去看喜剧电影；或者去洗个热水澡；再不然就投入大自然的怀抱，让天籁的悸动与大地的胎音，拨响自己麻木的心弦。蓝天，白云，辽阔的大地，深邃的海洋，无不让人心动，让人感怀。恐惧的心情会在大自然的怀抱中得到舒展和抚慰。

对恐惧情绪，有时要"顺其自然"，不要强迫控制，不然不但于事无补，反而会加重自己的焦虑不安。越是克制，越是把它当一回事，就越会强化恐惧，因而总摆脱不掉它。

要学会消解情绪，当一种消极的、有害的情绪笼罩着你时，要借助于情绪转移的方法来帮助自己。情绪的转移是利用注意力的转移来实现的。看书时觉得心慌意乱，安定不下来，就可以去打球、跑步、工作等。这绝不是在浪费时间，这是积极的调换方法，可以心安理得地去做。调换后，如果能保持一种高昂的情绪，那么你最终会得到可贵的、健康的、持久的稳定情绪。

也可以用笑声来激励自己。应该是发自内心的笑，尽量多想快乐和高兴的事情，或者高声朗读那些能够振奋精神的作品，或者玩一场有趣的游戏，看一场滑稽的电影。注意一定要开怀大笑，笑声会使人心情舒畅，驱散愁云，收到奇效。

要学会逃避。当事情纠缠不清，出现恐惧、担心、不安、拿不定主意时，逃避一下是有好处的。强迫自己忍受痛苦，不是勇敢，而是一种自我惩罚。逃避的结果可能是恢复平衡，心理承受力也会慢慢恢复正常。这时候再来处理问题，就容易多了。

时间是医治恐惧的灵丹妙药。当一个人深陷恐惧，难以自拔时，也可以回忆一下以前的快乐时光，或者想一想以前是不是也遇到过类似的问题，想一想曾经如临大敌般的恐惧，当时看作世界末日一般，最后不也挺过来了吗？不是到今天都没事吗？这样一想，你就会明白，今天和昨天是一样的，一切都会随着时间的流逝而得到解决。过去你曾经感到恐惧的事既然已经证明是子虚乌有的了，那么你完全有勇气来面对今天的苦恼和现实，你可以冷静地、客观地判断。因为无论多么苦恼也没用，重要的是凡事要敢于正视现实。要记住：尽人事，听天命。时间能包治百病，过了一定的时间，一切都会烟消云散。千万不要沉湎于毫无意义的恐惧之中，不管什么恐惧都是毫无意义的，要勇敢地面对现实生活。把成功作为自己的奋斗目标，把一切恐惧都作为礼物留给时间，那么恐惧的烦恼就会烟消云散了。

很多人喜欢悠闲地漫步在乡林村野间。不需要刻意的人际应对，不需要光鲜亮丽的装扮，只是完全的亲近自然，抚摸泥土，鼻息间充满着青草的味道。已经好久没有这样的时间、精神，去从事目的只为漫步林间的这种事；虽然有些时候，好山好水就在眼前，却没有时间驻足欣赏，匆匆一瞥，徒留万千的不甘心……

其实，在乡林间漫步的好处不少。很多人只要心情不好或工作产生了倦怠之意，便即兴邀约三五好友一同出游。不管出发之前心情有多恶劣，一见到了青山绿水，也就将所有的烦忧暂抛九霄云外，这种心灵上获得满足的好处，可是用千金也难买的！

想想这样的情景：有一片早已荒芜的草原，虽没有人工的刻意修饰之美，也别有自然天成的韵致。经常可见到三五只白鹭鸶站在牛背上；成群的鸟雀穿梭于草原中，而草原的对面是中央山脉。此幅景象的构图，已够叫人神往，置身其中也才晓得，什么叫做人间仙境。

利用节假日放下琐事，卷起裤管亲近大地，不失为缓解压力、克服恐惧的良方。想想看，当风儿轻柔拂面，耳际有着虫鸣鸟语，那种感觉是足以令人遐想万千的。另外，在漫步的当儿，你也可以把自己想象成一株草或一棵树，完全地融入自然美景，会有一种惊艳的感觉在眼前浮现。

第五章　揭示真相：
你别再吓唬自己了

　　生活中，很多恐惧都是因为自我过于担心而造成的，之所以会出现这种情况，主要源于我们对事物的认识不足，从而在心理上产生恐惧现象。要想克服掉生活中这些普遍存在的恐惧现象，除了加强心理素质外，还要认清产生恐惧的根源。

死亡为什么那么可怕

求生是生命的愿望，死亡意味着生命的消失。惧死也就成了一种理所当然的、不可以回避的现实。在某种程度上说，人类的贪生之情，畏死的情绪是与生俱来的，怕死，也就成为一种正常的现实。迄今为止，历史上人们最恐惧的就是身体的衰亡，生命是多么美好，又是多么千姿百态，令人沉醉，所以无论贵贱智愚，都渴望享受生命，害怕死亡，终生都被死亡的阴影笼罩着。

在美国许多学校都有忧死教育。他们向学生灌输这种观念：人的出生就是走向死亡的开始。如果一个人已到中年，那么就很容易计算出自己还剩多少时间。这种倒计时方式，使人更能够认识到生命是有限的，可利用的时间是有限的，使人能够更科学地面对人生，懂得珍惜每一天，提高自己的生存质量，同时对死亡也有一种正确的认识，用平静的心把它看作是一种自然现象，而不是充满恐惧。

在中国，对死亡有科学认识的人还很少，更多的人的认识还是很肤浅，只停留在恐惧和孤独痛苦的层次上。这是我国教育的劣势，特别是对那些格外怕死的人，有时不要忌讳谈死，可能对他们更好，让他们明确认识到死的必然性，免得他们怀抱恐惧，孤独地向死亡漩涡滑去。苏轼《墨妙亭记》说："物之有成必有坏，譬如人之有生必有死。"大自然的万物有兴盛也有衰败，就像人有生也必然有死亡一样，这是自然规律，所以应该坦然面对死亡。

死亡的情绪会相互传染，让本来不那么害怕的人也感到害怕。在病房里，有的病人看到病友们一个个地离去，就会想到说不定下一个死亡的就是自己。当人进入到中老年以后，每一次同学聚会时，成员都可能越来越少，感伤的情绪和死亡的恐惧就会袭来。

如果有心愿没有完成，将死之人会更加贪恋活着的时间。在还没有来得及实现自己的愿望就去世了，这让人感觉更加遗憾。那些感觉愿望不能实现是一种遗憾的人，更希望有更多的时间做自己想做的事，每当他们想到自己早晚会走向死亡，就会感到死亡是一件极其令人厌恶的事。有的人在自己没注意到的时候就会将自己这种最原始的心愿表达出来："我才不要去死，我还没有……呢！"可见，对于很多人来说，在死亡之前一定要将自己想做的事做好，否则就会感觉"不划算"。

死亡恐惧的最"高级"的原因是找不到生命的意义，对于一些智商比较高的人或者知识分子尤其如此，他们试图通过哲学的角度找到生命的意义。每个人年轻的时候可能按照自己的想法生活。在进入中老年以后，生活已经基本稳定下来，认为自己这辈子已经没有什么变数了，开始相信天命。在老年以后，或者在思想已经非常成熟形成一种体系的时候，就开始总结自己的过往，总结他人的过往，并且形成一种信仰。生命的意义就是要思考的

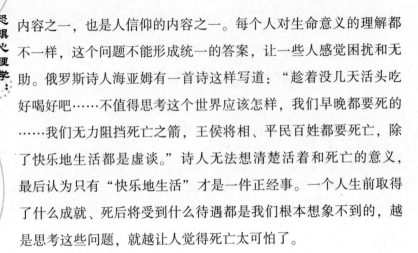

内容之一，也是人信仰的内容之一。每个人对生命意义的理解都不一样，这个问题不能形成统一的答案，让一些人感觉困扰和无助。俄罗斯诗人海亚姆有一首诗这样写道："趁着没几天活头吃好喝好吧……不值得思考这个世界应该怎样，我们早晚都要死的……我们无力阻挡死亡之箭，王侯将相、平民百姓都要死亡，除了快乐地生活都是虚谈。"诗人无法想清楚活着和死亡的意义，最后认为只有"快乐地生活"才是一件正经事。一个人生前取得了什么成就、死后将受到什么待遇都是我们根本想象不到的，越是思考这些问题，就越让人觉得死亡太可怕了。

生命是短暂的，它在何时结束，是不可预测的，然而每个生命的结局都是一样的，生总是以死的形式结束。哲学家斯宾诺莎认为，智者要思考的是生命，而不是死亡。因为，即使我们害怕死亡，最终也逃不脱死亡的魔爪，因此重要的是，在死之前利用生时的一分一秒，把应办的事情尽力做好，用生命的丰富结晶去充实死的空虚。孔子曾说："未知生，焉知死？"意思是生的道理还没弄明白，怎么能够懂得死呢？他告诉我们贪生怕死、苟活一世不能实现生命的意义，只有通过有意义的生，才能实现生命的不死，也就获得了生的永恒。懂得生的永恒，面对死亡，就一定是轻松而坦然的。因此，死本质上并不可怕，重要的是生命要充满意义，只要生命有价值，人生充满着意义，死并不虚无。正如鲁迅所说："真的猛士，敢于直面惨淡的人生，敢于正视淋漓的鲜血。"因为他们的生命是有价值的。

飞机是一种安全的交通工具

航空已经成为一种非常重要的交通方式，打折机票、特价机票越来越多，使得更多的人愿意选择这种交通方式。不过世界上有8%~11%人对飞行存在恐惧心理，有3.5%的人属于飞行恐惧症患者。对于经常出差的商务人士和喜欢旅游的人来说，害怕乘坐飞机是一件非常麻烦的事。

虽然飞行恐惧与对高空生活的不适应有关，这里所说的飞行恐惧的范围不包括高空恐惧（属于恐高症范围），也不包括幽闭空间恐惧。产生飞行恐惧的主要原因是认为航空是一种不安全的交通方式，存在各种各样的担忧。例如，乘坐飞机时害怕天气变化引发飞空中出现故障，害怕飞机起降不稳。乘坐飞机与乘坐汽车的一点不同是，乘坐汽车时我们能看见驾驶员手握方向盘在操作，但飞机的驾驶室是乘客看不到的，所以有的乘客担心驾驶员存在酗酒、睡眠不足等问题，导致飞机无法完成航行。人们在陆地上生活了数百万年，习惯了这种生活环境，这让人潜意识中感觉在空中飞行是一件违背常理的事情。虽然科学家已经攻克了有关飞行的种种难题，但人们心中潜在的不安和排斥还没有得到排解，这使得恐惧飞行成为必然的事情了。

对飞行有恐惧的人极力避免乘坐飞机出行，有的时候甚至宁愿多坐十几个小时的火车。如果逼不得已非要坐飞机出行，他们

在飞机上会感到极不安稳，一方面身体可能出现各种不良反应，例如咬手指甲、紧张、心跳加快、眩晕、恶心、呕吐等，为了缓解身体上的这些不适，有的人在乘飞机时要使用抗焦虑药物或者大量饮酒的方式转移自己的注意力；另一方面，心理上承受着巨大的煎熬，总是盼望着快点到地方，只有降落在平地上才能找回安全感。

如果飞行中只有轻微的恐惧感，并不需要特别在意自己是不是患上了恐惧症，做一些转移注意力的事情就可以缓解恐惧感。一些人对高空与地面不一样的气压非常敏感，在飞行时出现鼻窦和中耳堵塞的情况，因为身体不适，所以感觉害怕。这种情况属于正常现象，只要多做几次深呼吸就可以缓解。听音乐、看报纸、延长用餐时间都能有效地将自己的恐惧感暂时忘记。

克服飞行恐惧的重点是改变对飞行危险的认识。对飞行存在恐惧心理的人往往将飞行可能存在的危险无限夸大，他们的想法是：乘飞机肯定是有危险的，不然为什么乘飞机的安全须知要比坐火车、汽车多得多？为什么航空中的保险和赔偿要比其他交通方式多得多？如果存在这种心理，就要不断地暗示自己，任何一种交通方式都是存在危险的，不能通过应对危险方式的多少来划分危险的等级。新闻对飞机失事的报道影响了人们对飞行安全性的看法。为了克服飞行恐惧，一定要找到充足的数据证明飞行不足以令人恐惧。以 2004 年为例，全球共有 18 亿人选择乘坐飞机出行，但只有不到 100 人死于飞机失事。以这个比例来计算，一个人乘坐飞机时发生危险的可能性是非常小的。凭个人的直觉也应该感受到，死于车祸的可能性要比死于飞机失事的可能性大。

还可以用纵向对比的方式证明乘坐飞机没有想象中的那么危险。例如，有位航空专家曾经发布过这样一组数据，在 1991 年，每一百万次飞行中发生人员伤亡的次数是 1.7；这个数据在 1999 年变为 1，到了 2000 年，已经降到了 0.85 次。我们关注的重点不是这些数据是否真实可靠，而是用这些数据说明，对于一个随机的人乘一次飞机，发生事故的概率几乎为零。多多寻找此类数据能让有飞行恐惧的人逐渐放弃他们对危险的过度估计。

从比较专业的角度打消对飞行安全的质疑，对减轻飞行恐惧是大有益处的。网上和图书中都有关于飞机各方面原理的资料，可以从这些资源中了解飞机的构造，飞机能浮在空中的原理，航空公司的运作流程，飞机上的驾驶员、机长、安保工作人员、空乘人员等工作人员的工作内容等。这样做可以增强对飞机的信心，让人相信飞机的设计是合理的、科学的，各种安全隐患都被设计者考虑到并得到了妥善的解决；让人相信机组工作人员是敬职敬业的，这些人完全能保证乘客的安全，如果万一发生不幸的事件，机组工作人员也能迅速地做好各项工作。了解这些资料的目的是增加对飞机和航空公司的理性认识，减少甚至消除一些完全没有必要的担忧。

克服飞行中的焦虑感可以采用想象暴露的方式。集中精力想象飞行中自己害怕的场景，想象自己身体可能产生的各种感觉。经过几次练习，身体的不适感就会逐渐减弱。

因为飞行需要一定的成本和时间，所以在真实的飞行情境下练习克服恐惧感显得不太现实。因此，可以借助一些模拟的情境克服飞行恐惧。虚拟现实是一种借助于计算机技术模拟真实情境的技术。现在已经有专门用于克服飞行恐惧的电脑软件了。游乐场的一些设施虽然不能完全模拟飞行的状态，但多少都存在一定的相似性，去游乐场体验一些与飞行有关的刺激性项目也是练习克服飞行恐惧的一种途径。

广场恐惧症并非那么可怕

广场恐惧症，就是对在公共场所和开阔地的恐惧。在希腊语中，广场恐惧这个词是从聚会、市场等场所这些含义引申而来的。

很多广场恐惧症患者自身也说不出他们恐惧的原因。心理学家对广场恐惧的原因主要有两种猜想，一是依恋性人格的人不愿意离开自己惯常的环境，不喜欢到陌生的场所；二是过于空旷的空间容易让人感到恐慌。如果一个人在某个场所有过恐慌的经历，那么当他再次到达这个场所，或者回忆起那次恐慌的经历时，他的恐惧感会加重。

一般来说，广场恐惧很少发生在儿童身上，主要发生在成人身上，而且主要发生在18~35岁的成年人身上。其中以女性为多，女性广场恐惧症患者占到了广场恐惧症总人数的三分之二。心理学家认为，这与人们的社会文化观念有关。人们习惯性地认为胆小而害羞是女性的性格特点，女性因此被教育得胆小、不愿意出门；大家对男孩子的期望则是坚强、勇敢，多出去见世面。

所以，女性广场恐惧症患者要比男性多很多。

广场恐惧的症状体现在三个方面：一是在空旷的地方或者人多的场所有强烈的身体反应；二是想方设法逃避与"空旷"和"人多"相关的场景；三是如果到了令人恐惧的场所，一定要有让自己可以转移注意力的事物。

彻底克服广场恐惧的方法就是坚持走出家门，到令人恐惧的场所感受恐惧。这个过程需要由简到难，而且需要不断地重复，直到能够适应广场环境。

首先选择一些广场恐惧者不去或者很少去的场所，比如商场和汽车站。然后按照先易后难的顺序慢慢地进入这些场所，试图在这些场所多停留一段时间，直至在没有人陪伴的情况下也可以独自出门去任何地方。

苏珊的广场恐惧已经伴随她多年了，为了让自己摆脱恐惧的困扰，在朋友和家人的帮助下，她开始了这样一个练习过程。

1. 练习走出家门

在最开始的时候，由她的家人陪着她走过一条马路。她在第一次尝试的时候恐慌的情绪特别激烈，多次想要放弃，但都被她的家人阻止了。无奈之下，她只能再次进行尝试。多次尝试以后，她的反应没有刚开始那样强烈了。

但这个小小的进步还不能算得上克服了恐惧感。第二步练习是在朋友们在远处观望的情况下，独自一人过马路。有过成功的经历，苏珊在挣扎之后也做到了这一点。

第三步是在有人陪伴的情况下多过几条马路，争取离家远一些。苏珊走在前面，她的亲友跟在后面。最初，朋友们与她距离比较近，但一个小时过去以后，两者之间的距离就越来越远了。可以说，苏珊基本可以独自一人走在离家很远的街道上了。对于这个可喜的成绩，苏珊自己也感到很意外。但是对于需要经过公共草坪、医院、城市公园的路段，苏珊认为她还是没有勇气经过，宁愿绕路也要离它们远远的。

2. 练习乘坐公交车

有过练习过马路的经历以后，乘坐公交车对于苏珊来说已经不是那么困难了。她需要从坐一站地的公交开始练习，然后是两站、三站……首次练习的时候需要有家人的陪伴，她才能感到安心，但随着熟练程度的增加，即使没有亲友陪伴，她也可以独自乘坐公交车了。

3. 练习接近人多热闹的地方

这项练习要比过马路和坐公交车有难度多了。马路和公交车的环境相对于人流较多的公园、广场、商场而言，封闭性要大一些。广场和商场的环境更加开阔。

第一天，苏珊在有人陪伴的情况下，在商场的各个出口站立了一分钟。她对空旷的环境和人来人往的现象感到非常头晕，控制不住自己将要晕倒的身体。不过，在亲人的鼓励之下，她还是坚持下来了。这项练习持续了好几天，那时她已经可以比较淡定地站在商场的各个出入口了。

几天后，她需要练习走进商场。商场内部要比出入口更加空旷，所以苏珊身体强烈的反应再次出现了。让她完全在商场走一遍是不现实的，所以她只能尽量地多往里面走一些。每天多进入一点点。过了一段时间，她已经比较坦然地进出商场了。

4. 练习去超市购物

虽然超市的面积并不一定比商场的面积大，但超市的人流要比商场的人流还要多，仍然算是复杂的"广场"。苏珊此时需要练习的是让自己习惯于待在人流中。

第一天，她在超市买了很少的商品，选择了队伍最短的收银台结账，她走的时候可以用"落荒而逃"来形容。她甚至发誓说"我再也不来这个地方了！"选择最短队伍结账的练习在持续了几天以后，苏珊的恐惧情绪明显下降了。

几天以后，苏珊买的商品比较多了，开始练习选择长度适中的队伍结账。又过了一段时间，她开始练习始终排在队伍后面。对此，超市的安保人员感到非常奇怪，不过在向安保人员解释清楚后，苏珊还是坚持了下来。

到此为止，苏珊基本已经克服了各种广场恐惧症，她剩下要做的就是多找一些开阔地巩固她的练习成果，例如去公园散步，但不能将注意力转移到景色上而忽略对空旷感的适应。

从这个练习记录中可以总结出克服广场恐惧的一般思路：逐渐习惯令人恐惧的环境，直到完全不害怕位置。这些恐惧的环境在难度上应该是递进的，让人一点点地获得自信心。当恐惧感上升的时候，不能用逃避的方式对待，否则就会前功尽弃。总之对抗恐惧的原则就是逐渐习惯。

恐惧带给人身体上的感觉也是需要克服的。因为广场恐惧的身体反应非常明显，所以控制广场恐惧的身体反应也是一门专门的学问。

很多人到了空旷的地方都有"头晕""晕头转向""迷糊"的感受，这就需要提高对抗眩晕的能力。找一个能够旋转的椅子做道具，用一只脚尖点地，旋转椅子，让椅子和身体都转起来，每次持续一两分钟。几乎任何人在进行这项运动的时候都会感到头晕，但不要将不能适应当作放弃的理由。多次练习以后就不再害怕因为恐慌而产生的头晕感了。

其次是呼吸方式的练习。50%~60%的人在惊恐的时候都会过度换气，很多身体的不适应都是从过度换气开始的。为了避免换气过度，可以练习腹式呼吸。首先，深吸一口气，让气流到达胃部，这时胃就会鼓起来。呼气时，胃应该是瘪的。然后，按照平时呼吸的方式吸气。呼吸的时候一边放松，一边数数。进行这样的循环：吸气5秒钟——呼气5秒钟并放松——吸气5秒钟——呼气5秒钟并放松……这样的练习可以每天持续十分钟，如果时间充足，可以练习更多次数。

克服广场恐惧的目的是让人们走出待在家里的状态，恢复正常人的生活。此外，由于广场恐惧常常与恐慌联系在一起，身体反应比较强烈，所以良好的体魄对应对广场恐惧至关重要，加强体育锻炼也是非常必要的。

你真的病了吗

　　没有人不害怕自己患病，每个人都可能患病，然而不一定是大病或者绝症。保持健康的生活方式或者加强体育锻炼，都是预防疾病的正确做法。如果对患病的担忧过度，就会发展成疾病恐惧心理了。有轻微的疾病担忧意识是正常的，例如家中有感冒的病人，担心自己被传染，因而注意不要与感冒病人离得太近，这些做法都是正常的。但如果面对感冒病人时如临大敌，恨不得距离他十万八千里就过分了，这种做法不但是自身心理素质差的表现，还可能影响到人际关系。

　　疾病恐惧与当前的流行病或者媒体宣传的关系非常密切。在肺结核不能治愈的时代，感冒患者或者肺炎患者一定担心自己患上肺结核。在艾滋病没有非常严重的时候，媒体自然不会对此多加宣传，人们也不会对这种疾病有恐惧心理。但是艾滋病比较严重的时候，媒体就会较多地宣传了，人们可能因此而感到恐慌。现在，很多人都认识到艾滋病的传播方式和预防方法了，对这种疾病的恐惧就不那么强烈了。如今由于不健康的生活方式，患癌症和心脑血管疾病的人比较多，媒体对这些疾病的宣传也比较多，因此恐惧癌症和高血压等心脏疾病的人也多了起来。

　　不健康的生活方式容易让人对疾病感到恐惧。例如，很多艾

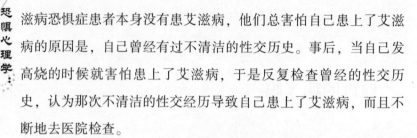

滋病恐惧症患者本身没有患艾滋病，他们总害怕自己患上了艾滋病的原因是，自己曾经有过不清洁的性交历史。事后，当自己发高烧的时候就害怕患上了艾滋病，于是反复检查曾经的性交历史，认为那次不清洁的性交经历导致自己患上了艾滋病，而且不断地去医院检查。

自己本身身体处于亚健康状态或者周围的人中有病患是疾病恐惧的一大原因。例如，有过多次输血历史的人，肯定会担心自己曾经使用了不洁净的血液而患上艾滋病。一个办公室中有一名职员患上了禽流感，那么其他人员一定害怕自己被传染，反复回想自己与他交往的经历，不断计算自己患上禽流感的可能性。

疾病恐惧的人本身未必患上了某种疾病，而是对自己患病有不切实际的担忧，他们看起来更像是患上了"疑心病"。

疾病恐惧的程度有高有低，针对不同的恐惧程度，需要选择相对应的方法克服。最低级的疾病恐惧表现为疑虑，也就是内心不希望自己患上疾病，同时怀疑自己有了患病的症状，对自己是否患病拿不定注意。主要表现为坐立不安、精神萎靡等焦虑情绪。为了确信自己没有患病，他们喜欢过分关注自己身体的变化，总是观察自己是否已经有了某种疾病的症状。害怕艾滋病的人被蚊子咬了以后会担心自己患上了艾滋病，肺癌恐惧的人不能忍受自己的一声咳嗽。尽管担忧自己有患病的可能，但这种担忧还没有到达强迫自己经常去医院检查的程度。

这种程度的疾病恐惧比较容易克服，主要通过改变对疾病的认识来缓解焦虑的情绪。一是相信科学，保持健康的生活方式，这样可以减少患病的可能。在闲暇时间了解各种疾病的预防常识和发病原理，对一种疾病的知识积累比较充足的时候，就能够区分出自己身体是否有患病的症状了。如果怀疑自己已经患病，需要到权威的医疗机构检查，相信科学的检测结果，打消患病疑虑。二是试图计算自己患病的概率。以患上禽流感为例，假设某个城市有一千万人口，这一千万人口中有20人患上了禽流感，那么每个人得禽流感的概率是一千万分之二十，也就是说吃一次鸡蛋或者禽类食品而患禽流感的概率是一千万分之二十，一共需要吃50万次禽类食品才能患病。假设每天吃一次禽类食品，也要在50万天以后才能患病，这就相当于患上禽流感的概率基本为0。这样计算的目的不是让人放弃任何疾病防御措施，而是暗示自己"得禽流感这件事在我身上基本不存在"。

比疑虑更深层的恐惧是强迫，这一类人对自己患病这件事比较确信，但又表现出一定的矛盾心理，即唯恐自己患上了疾病的同时唯恐自己没有患上疾病，对哪一种结果都感觉到不甘心，总体上比较倾向于自己已经患病。他们在电视或者网络上看到某种疾病的报道时感到非常紧张，平时主动地了解各种疾病的知识，而且经常进行自我诊断，还经常去医院检查，如果检查的结果是没有患病，他们在几天内会感到心安。但过了几天之后，恐惧感又涌上心头，怀疑医院的设备有问题，怀疑医生的操作不符合要求，怀疑医生的水平低下，没有做出正确的诊断，于是换另外一家医院检查，接下来便不断地到各个医疗机构检查，大有检查不出来疾病就不罢休的架势。在平时的生活中过于重视疾病预防，

已经有了强迫症的症状。

对这种恐惧心理的克服需要借助医生的帮助，因为这些人在潜意识中更相信他们已经病了，那么医生就可以直接告诉他："你患上了肺癌，只能活半年了，你有什么愿望没有实现就尽快去做吧！"听到这种他们"期望"的消息以后，恐惧感可能就消失了，因为有比恐惧更强烈的刺激加在了他们身上，让他们不再怀疑自己是否患病这件事，转而做其他想做的事。

最强烈的疾病恐惧是绝望和深信不疑。这些人不相信医生的说法，不相信医院检查的结果，确信自己已经病重了，并且表现出一些绝望的情绪。如果恐惧感到达了这种程度，就需要借助专业的心理医生的帮助了。

马路杀手没有你想象的那么多

如今私家车越来越多，有的人却因为各种各样的原因而产生了与之有关的心理障碍，最直接的表现是在驾驶中感到焦虑，全身肌肉紧张，尤其是腿部的肌肉经常发抖，踩油门或者刹车的时候手忙脚乱，比较严重的表现还有不敢开车。

驾驶恐惧有两个来源。一是车祸留下了心理阴影，有20%的人在车祸中受到伤害后会患上驾驶恐惧症，直接影响他们的生活。二是不相信自己和其他驾驶员的驾驶技术，同时担心他人对自己的驾驶技术没有信心，总是担心因为驾驶技术不过关而出事故。这些担忧包括：害怕被酒驾的驾驶员撞到，害怕在停车场停车时不能将车停在恰当的位置上，害怕违法交通规则，害怕将行人碰到，害怕停车时间太长后面的司机鸣喇叭或者与后面的司机发生争吵，害怕在一些不太好的路段，例如车辆密集、急转弯、上下坡等路段失去对车子的控制等。

存在各种担忧是正常的心理，如果驾驶员有适度的担心，那么他在驾驶中要不断提醒自己注意安全，反而会降低出车祸的可能性。如果对驾驶有过度的担忧，那么就需要克服对驾驶的恐惧了。

克服驾驶恐惧的最直接方法就是提高驾驶技术。如果有了高超的驾驶技术，则不需要担心自己开车时出事故了。最好到比较专业的驾驶培训学校学习。学习驾驶时应该遵循由易到难的原则，逐步掌握各项驾驶技术。例如，先从比较平坦、车辆较少的路段开始练习，然后练习在颠簸、有转弯的路段上行驶，最后练习在人流、车流比较密集的路段行驶。这样做的好处是每取得一小步进步，都能增强驾驶员的信心。对于自己害怕的驾驶问题，绝不应该回避，虽然回避能减轻一时的恐惧，但却让人彻底失去了克服这种恐惧的机会，最好也用逐步克服的方式练习。如果总是担心刹车时后面的车撞到自己的车，可以让陪练或者朋友在自己的后面开车，在多次练习中找到怎样进行急刹车的窍门。为了以防在实际驾车中遇到无法控制的局面而手足无措，最好提高对自己的要求，练习一些技术要求比较高的技能或者平时基本不会用到的技能。即使不需要在人流、车流多的路段驾车，或者不需要在颠簸的路上驾车，最好也练习在这些情况下驾车。如果能完成比较有难度的练习，能够有效增强人的自信心。平时驾车时就可以安慰自己"比这还难行驶的路我都可以过去，我一定能顺利开过这段路。"

当已经有了很好的驾驶技术上路却担心自己的驾驶水平不高时，就需要重新认识自己的驾驶水平。在驾校里，有的教练耐心极差，经常将学员骂得狗血淋头，让学员总是怀疑自己的驾驶水平。家人或者朋友也有可能因为不耐烦反复教一个人驾驶，总说"就你这个技术还是做公交比较靠谱"。如果经常得到负面评价，就要想一想这些负面评价是不是在他们极其不耐烦的情况下给出的。如果不是，那么继续练习驾驶技术是必要的；如果是，那就需要找一位局外人给出更为客观、真实的评价。

如果有对驾驶中出现的各种问题过于悲观的估计，需要用一些实验或者与他人交流的方式改变自己过于悲观的想法。如果担心绿灯亮了以后无法及时启动车子，后面的司机可能不耐烦而按喇叭，甚至担心有的司机脾气不好而直接大打出手，不如验证一下后面的司机会不会有各种过激的行为。选择一个红绿灯路口，当绿灯亮了以后不要启动车子，观察后面的司机会在多长时间后按喇叭。一般来说，只有当停车时间在 30 秒以上，交通已经堵塞的情况下，后面的司机才会按喇叭。30 秒钟对于重新启动车子已经足够了。大多数人都没有与人发生冲突的爱好，不到无法忍受的情况下是绝不会动手的。如果认为一个路口的实验结果只是偶然现象，可以在不同路段的路口进行实验。当然，进行实验时不要阻碍交通，这样做的目的只是纠正自己不切实际的想法。

克服驾驶恐惧一定要将不必要的担忧彻底打消。"同类换算"就是一种非常实用的打消担忧的方式。如果总是害怕在驾驶过程中有酒驾的驾驶员撞上来，就可以询问自己有驾驶经验的亲朋好友"在你们×年的驾驶历程中，有多少次遇到酒驾的驾驶员撞过来的情况？"如果总是担心车祸找上门，可以询问他们："你已经开了×年的车了，遇到过几次车祸？这些车祸有多严重？原因是什么？"在一般情况下，只要遵守交通规则照章行驶，是不可能无缘无故卷入到车祸中的。在一定范围的交际圈内，在驾驶中遇到的非常不愉快的情况并没有想象中那么多。亲人朋友们传递的信息应该都会给我们吃下一粒定心丸。

什么是特定对象恐惧症

日本恐怖漫画大师伊藤润二有一部经典作品叫《漩涡》，其中有这样一段描述：

男主角的父亲非常喜欢螺旋状的图案和物体，甚至迷恋到近乎疯狂的地步。他家里所有的东西都是带螺旋形图案的，让人一看就头脑发晕。他倒茶的时候，会凝望杯子中的水涡而出神；他站在河边，会望着河水中生成的漩涡而发呆。

由于长期地痴迷专注于螺旋状，他的两只眼睛可以顺时针或者逆时针地向不同方向旋转。不久，传出一个震惊的消息，这个疯狂痴迷螺旋状的人竟然自杀了！他的自杀方式也令人不可思议：他躺在了一个大木盆里，把整个身体卷成了螺旋状。

男主角的母亲发现了父亲的尸体后，显然承受不了打击，并且从此开始对螺旋状表示深恶痛绝。当她看到凡是带有螺旋状的东西，都会疯狂地尖叫。例如她在做饭时看到锅里煮沸的汤形成了螺旋状，会将饭锅掀翻在地；她在树叶上看见一只蜗牛，会连同树叶一起将蜗牛踩在脚下碾成碎末。

有一次，她在洗手时忽然发现了又一个螺旋状指纹。她无法忍受可恶的螺旋状长在自己的身体上，于是就用剪刀将所有手指上的指纹皮肤通通剪了下来。她的儿子看到如此情况，决定将她送入医院。

但是，在医院里，她仍旧没有停止自己受刺激的神经。输液瓶中液体下降时产生的漩涡，再次让她癫狂，她一把扯断了输液器，打翻了输液瓶。

后来，出院时，在医院的走廊里无意中发现医学人体挂图上的耳蜗，那也是螺旋状的！紧接着，她捂着脑袋疯狂地在走廊里乱窜，同时歇斯底里地大叫。

几日后的一个夜里，她也用了一种极其惊悚的方式结束了自己的生命：一把长尖刀从她的耳蜗中刺穿了过去。

这部作品中对主人公的刻画就是来源于现实生活中对特定对象的恐惧。

什么是特定对象恐惧症？没有明确理由地对特定物体感到恐惧，被称为特定对象恐惧症。大多数情况下，我们都患有一两种特定对象恐惧症，例如有的人害怕蛇，有的人害怕虫子，有的人害怕黑暗，有的人害怕锋利尖锐的物体等。

较为常见的特定对象恐惧症包括有恐高症、幽闭空间恐惧症（害怕乘坐电梯、地铁）、对身体损害的恐惧症（如血、打针、治牙）、动物恐惧症（害怕狗、蛇、老鼠和昆虫等）。除此之外，还有暗处恐惧（害怕黑暗、黑夜）、气流恐惧（害怕龙卷风、台风）、穿行恐惧（害怕穿过马路）、尖锋恐惧（害怕针、刀等）、灰尘恐惧、切割恐惧（害怕被割破或抓破的伤口）、男性恐惧（有的女人害怕男人，或害怕与男人发生性关系）、无限恐惧（害怕巨大的物体）、接触恐惧（害怕身体接触、被触摸）、废墟恐惧（害怕废墟）……

有一个成年男子特别怕切黄瓜，只要看见有人在清洗黄瓜，然后把黄瓜一片片地切开，他就情不自禁地紧张、害怕，浑身哆嗦。

这是为什么？

原来，在他小时候，有一次伸手向妈妈要黄瓜吃。因为厨房里很忙，其中一位正切黄瓜的厨师吓唬他："别闹，再闹就把你的'小鸡鸡'割下来。"正巧一段黄瓜被切断，吓得他大喊："我不要黄瓜了！"

可见，在潜意识里有关性的秘密中，"黄瓜"被用来作为男子生殖器官的象征物。

恐惧症会影响患者的社会和生活功能，一般患有特定对象恐

惧症的患者往往会采取躲避的方式，减少自己的恐惧感。例如，恐高症患者尽量少登高、少到高层建筑上去。

特定对象恐惧症是我们生活中最常见的心理障碍之一，患病的女性多于男性。

行为主义学派的创始人华生曾对特定对象恐惧症做过一项实验。他抱来一个3岁的幼儿，然后在他的身边放上一只兔子，来测试一下幼儿是否害怕。可谁知小家伙非常勇敢，一手抓起兔子耳朵使劲一抢，可怜的兔子就被抛到2米开外。随后，华生又拿来一只小猫。和兔子一样，小猫也惨遭同样的命运，被幼儿抓住尾巴倒提起来甩了出去。幼儿竟然不怕活的小动物？真是无知者无畏。

可是，当华生改变了一种测试方法后，情况就不同了。这一次，他不再用动物来考察幼儿，而是用一个小锤不断地敲打钢条，发出刺耳的噪声。结果是，幼儿听到这噪声忽然愣了一会儿，紧接着不安地大哭起来。

然后，华生又在幼儿身边放上一只兔子或小猫，并且一边用小锤敲打钢条。当这种噪声和兔子或小猫同时出现多次后，幼儿即使不听到噪声只看到兔子或小猫，也会非常不安地大哭。

由此得出实验结论：

婴儿+兔子（小猫）——不害怕

婴儿+噪声——害怕

婴儿+兔子（小猫）+噪声——害怕

反复作用后去掉噪声结果：

婴儿+兔子（小猫）——害怕

同时这也让我们想到了巴甫洛夫的条件反射实验。经过反复实验后，即使婴儿长大，也很难在心里消除曾经被测试的恐惧情景。他不但对兔子或小猫感到害怕，所有带毛的动物和毛皮物品都会让他感到恐惧。这在心理学上称为泛化。

关于泛化，生活中有许多这样的例子。例如，一个幼儿不小心被自家的炉门烫伤了手指，当他再一次从炉门前经过时会远远地绕着走，并且此后看见所有形状像炉门的物体，都会避而远之。

由此可知，特定对象恐惧症与条件反射原理密切相关。条件反射能形成恐惧，但条件反射需要在多次的强化作用的基础上才能建立。如果只面对一次恐惧的刺激，那建立条件反射就是无效的。所以，只有害怕的经历本身这一因素是并不会产生恐惧的，只有再面对一次恐惧的刺激（例如害怕以后再去治牙，或者害怕再遇到蛇），作为条件反射形成中所需要的多次反复的刺激，才能促成恐惧的条件反射的形成，也就是让人变成从不恐惧到恐惧。

幽闭空间并非暗藏杀机

刘彬在一家世界五百强的广告公司任策划一职，因表现优异，被调到中国区总部任职，年收入上调到几十万。升职是一件该高兴的事情，刘彬虽然开心，但麻烦也随之而来，那就是他每天必经的一条路——电梯。

电梯为什么会成为他的麻烦？他所在的公司位于市中心黄金地段的写字楼 38 楼，每天上下班人很多，几乎每层都有人进进出出，这样刘彬就得在拥挤的电梯里待上几分钟。短短的几分钟，但在刘彬看来却是度秒如年，在这个拥挤的小空间里，他会不自觉的手心、额头冒冷汗、胸闷气短，有强烈的逃离冲动，如果不是自控能力够强，他甚至要大叫出来。实在坚持不下去的时候，他就随便按停一层先出去透透气，等情绪舒缓了再换一趟电梯上下。

时间久了，乘电梯对他而言就像一种酷刑，每天上下班就像是上刑场一样。为了避免这种煎熬，刘彬改乘电梯为爬楼梯，每天提前半小时到公司爬楼，他还自我安慰"权当锻炼"了，但时间一久问题还是出现了。因为做广告策划这个行业，需要经常在上班时间出门拜访客户，和客户进行沟通、提案和落地等工作。这样一来，刘彬就没办法躲避了，总不能让客户和同事先等自己半个小时爬楼梯吧！他只能硬着头皮坐电梯，那又是一场煎熬和折磨客户见到他：神情紧张、目露憔悴、四肢僵硬、额头好像还有汗珠……这样谈判的结果可想而知，刘彬的业务一落十丈，在公司的职位自然也岌岌可危，为此，刘彬苦不堪言。

刘彬不是一个人在遭受煎熬，张薇恐惧的不是电梯，而是一般人出门都会遇到的东西——交通工具让张薇坐上挤满人的公交或者空间很小的轿车，那简直就跟要杀她一样痛苦。她每天只能自己骑电瓶车出行，倒也相会无事了一段时间。但是当她有了孩子以后，问题就来了，生活中不可避免的有时需要带孩子出门，张薇只能骑电瓶车接送孩子。遇到沿海酷暑和风吹雨淋的日子，孩子无法承受，而且这样也很不安全。没办法，接送孩子的这个事情只能交给丈夫，丈夫是一个大型公司的部门经理，每天加班是常事，没办法每天准时接送孩子上下学，弄的孩子也是饱一餐饿一顿的。时间久了，两人因为孩子接送这个问题开始出现矛盾，张薇从小父母就去世了，丈夫的父母前两年也相继离世，没人能帮到他俩。张薇很苦恼：为什么自己不能克服对交通工具的恐惧呢？

看到这儿，相信你大概知道了刘彬和张薇的问题症结在于幽闭空间恐惧症。对封闭的空间感到恐惧可能与遗传有关，生性胆小的人很容易在成年后恐惧封闭的空间，不过更多的原因是曾经的经历，尤其是儿童时期缺乏父母的关爱。如果一个人在儿童时期受到了粗暴的对待，例如父母的要求特别严格，有的时候恶语相向，那么他的心理承受能力可能就比其他人要低一些，也可能形成自卑、懦弱的性格，成年以后就会对封闭的空间有心理阴

影。有的父母不在家时将孩子锁在家里，不断地告诉孩子："无论谁来都不要开门。"孩子在有人敲门的时候就会躲起来，久而久之就会对狭小的空间产生恐惧，当然这种恐惧也可能包含着对父母不理自己的厌恶。

摆脱对幽闭空间恐惧的最好方法就是接受它。可以从摆脱想象中的幽闭空间开始练习，逐步过渡到实际生活中的狭小空间。在一个安静的房间内闭上眼睛想象自己置身于封闭的空间中，想象令人恐惧的各种场景，例如电梯在运行中卡住了，逐渐感觉到窒息；被锁在房间里出不来；列车行驶在隧道中等。当想象到这些场景以后可能会感到呼吸困难、脸色苍白、肌肉紧绷，但是不要尖叫、抱头、捂耳朵、闭眼睛，不要想着逃跑，正视并接受自己的这些感觉，然后发现自己的各种恐惧反应都是没有道理的，因为让人害怕的场景并不是真实存在的。

完成了想象练习以后，就可以接受一些视觉上的幽闭空间了，找一些幽闭空间的图片或者视频，通过观看这些令人恐惧的场景，唤起心中的恐惧感，和想象练习时的做法一样，不要压制自己的恐惧反应，让自己逐渐适应身体上的不适。

生活中封闭的空间比较多，这些场所都可以练习克服恐惧感。比如认为戴着面具会让自己因为缺氧而窒息死亡，就试着戴面具或者用床单将自己蒙起来，过十几分钟再拿开，可以发现虽然头被套起来了，但是自己并没有窒息而死。如果认为在电梯中感到恐惧，就找一部没有使用的电梯，进去以后停在某个楼层不动，模拟电梯被卡住的场景，在电梯内待一段时间以后再出来，这样就可以证明即使电梯发生事故，被困在电梯内部也不会窒息死亡。如果汽车的驾驶室让人感到恐惧，就到驾驶室中坐一段时间。同理，如果认为洞穴、阁楼、隧道都是让自己感到恐惧的场所，那就到这些场所去适应一下。需要注意的是，初次到这些场所后身体可能感到不舒适，还有逃跑的冲动，如果有这些反应，一定不要回避自己的不适感，不要逃跑，一定要在这些场所停留一段时间，每次至少30分钟，每种封闭空间都要进去并停留3~4次，这样才可能有效果。

除了窒息恐惧以外，幽闭恐惧还表现在害怕被困。对于这种恐惧也需要用直接面对的方式克服。例如，让家人把自己锁在一个小房间内，自己不能从这个房间出去，然后适应被困而不能出去的感觉。当适应了被锁在房间里的恐惧以后，选择更小的空间被锁起来，例如衣柜，一般来说衣柜内部是黑的，空间比较小，但却是透气的，不用担心在衣柜内缺氧死亡。经过几次练习以后，就可以克服被困的幽闭恐惧了。

在克服实际的幽闭恐惧时，可以按照由易到难的顺序进行。也就是说把自己恐惧的场所按照害怕的等级进行从大到小的排列，然后从恐惧等级最低的场所开始练习。

在适应了幽闭环境中的恐惧感以后，可能对封闭环境中出现的危险仍然存在担忧。这时候就需要试图通过改变自己的想法来克服幽闭恐惧。以缺氧窒息为例，首先想象人们处在哪些环境中可能缺氧死亡，一般是封闭不透风的环境，但我们实际生活中遇到的封闭环境都是透气的，电梯、驾驶室、头盔、潜水面具都是透气的，根本不用担心因为缺氧而死亡。然后问一问自己周围的人有没有过在封闭环境中缺氧难受的经历，再到网上寻找是不是有人在电梯中或者汽车驾驶室中窒息而亡的，一般来说基本没有这种情况。如果有也是极个别的，那么就要暗示自己"我怎么可能成为那些极个别之一？"这样做的目的是从信念上确认即使处在封闭的空间中，也只有很小的概率发生危险，或者说对于每个具体的人而言，封闭空间根本不会对人造成危险。这是一个改变想法而降低恐惧感的做法。

第六章 勇于行动：
跟真正的"自我"在恐惧中相会

————————§·····§————————

　　个性懦弱者做事总会犹豫不决、焦虑、患得患失、茫然无措、空虚无聊、随波逐流，身不由己地跟着社会大潮走。要想真正地克服刻在骨子里的恐惧感，除了要鼓足勇气直面困难外，我们还要学会用积极的行动力打败内心的恐惧。因为，与困难决战的行动，就是与内心的恐惧决裂，勇于尝试的行动，就是勇于甩掉怯懦的过程，只要为梦想、为战胜困难而迈出第一步，恐惧也就烟消云散。

勇敢迈出第一步，你就成功了一半

有句俗话说：万事开头难。其实，难的不是事情本身，而是我们恐惧的心理。生活中，我们可能有这样的体验：当婴儿刚开始蹒跚学步时，都恐惧第一步。当他勇敢地迈出一只小脚，开始向前挪动时，就意味着他很快要会走路了。这也从侧面告诉我们，万事当你勇敢地迈出第一步，你至少已经成功了一半。

曾经有一段时间，在政治上深受打击的丘吉尔整日情绪抑郁。全家人看在眼里，急在心里。丘吉尔邻居的妻子刚好是一个画家，家里堆满了各种各样的颜料、画笔、画布以及画好的作品。丘吉尔时常有机会就会过去欣赏。在沮丧之余，丘吉尔决定要跟邻居学习油画。

在政治舞台上，丘吉尔是一位敢作敢为的人。可面对那一张干净整洁的画布，他半天都不敢下一笔，生怕出一丁点儿的差错。他的女邻居见状，索性就将所有颜料都倒到画布上面。丘吉尔一见那画布上已经沾满了颜料，便拿起画笔开始在画布上任意地涂抹起来。就这样，丘吉尔画出了他的第一幅作品，虽然并不完美，但那毕竟是一个极大的突破了。

从此，丘吉尔就放开手脚画画。经过不断地学习，他终于在画技上有了长足的进步。最后，丘吉尔不仅给画坛留下了大量思维大胆、风格各异的油画作品，而且还恢复了自信，并东山再起，在英国甚至全世界的历史上做出了惊人成就。

在开始做一件事时，我们常会犹豫不决、瞻前顾后，生怕做不好，但越是存在这样的心理，往往就越是做不好事。所以，大胆地迈出第一步很重要。一旦我们迈出了第一步，接下去的路就好走许多了。

万丈高楼平地起，凡事都要有第一次。然而，很多人恐惧第一次，害怕开始；殊不知只有开始才会有结果，而且良好的开始就是成功的一半。哪怕跌倒了，也不要恐惧，不要退步，勇敢地继续跨出第一步，一次次的尝试就是一个个丰富的经验和一次次的小成就。只有勇敢迈出第一步的人，才会走出自己的辉煌历程。

1969 年 7 月 20 日，美国宇航员尼尔·阿姆斯特朗从"阿波罗 11"号飞船登月舱走出，在月球表面留下人类登月的第一个脚印，实现了人类登月的梦想。试想这名宇航员如果没有这么勇敢，人类的科技怎么会跨出如此巨大的一步？"他的一小步，人类的一大步"，这不仅是他一个人的成功，更是全世界人类的骄傲和自豪。

"路漫漫其修远兮，吾将上下而求索"，可以说我们生下来是最无知的，只有经过无数次的探索和努力才能明白一个又一个的事实，才会取得一次又一次的进步。人生的每个阶段都需要勇敢地迈出第一步，就像小马驹一样可以成为一匹速度飞快的千里马，除了日后的训练，刚出生时迈出的第一步具有决定性的因素。

有一位小伙子出生在中医世家，他家最得意的医术就是针灸术。可是这位小伙子一直不敢拿起那根长长的针头。父母亲暗地里叹气：难道我们中医世家到他这一代就要断了吗？

父母于是逼着小伙子学习针灸术，但是越逼小伙子越不敢，父亲在又气又急之下病倒了。这时，一位好友来探望，父亲向好友诉苦，好友却笑着说："你病倒了，正是让他迈出第一步的好机会。"于是在父亲的耳边耳语了一番。

好友走后，父亲的病情突然加重，并且昏迷不醒。这时全家人急得团团转，母亲伤心地说道："你的父亲如果不幸去世，到了阴曹地下也没脸见列祖列宗。"小伙子听后，满脸通红，他明白母亲说的是自己。其实他平日里已经记熟了针灸术的方法，但是就是不敢"下手"。被逼到绝路了，小伙子只好硬着头皮，给父亲把了脉之后，找准穴位，闭起眼睛扎了下去。

没想到这一针下去父亲的眼睛竟然慢慢地睁开了，缓缓地说："这一针扎的对极了，好样的。"小伙子的这一针扎下去后，终于克服了自己的恐惧心理，慢慢地开始跟着父亲学习。一个月之后，小伙子就精通了针灸术。

也许很多时候我们像这位小伙子一样害怕自己没有做过的事情，害怕做不好。其实事情往往没有我们想象得那么可怕，没做过并不代表我们做不好，假如连第一步都不敢迈出去的话，就肯定不会做好的。生活中有许多这样的例子，在同一起跑线上的两个人，谁先迈出第一步，谁就会掌握主动权；谁敢于迈出第一步，谁就会离成功更近。因此，迈出勇敢的第一步，大胆地往前走，哪怕前方布满荆棘，最终会到达一片崭新的天地。

不要对成功产生恐惧

所谓约拿情结，是来源于一个心理学讨论会上的假设："人不仅害怕失败，也害怕成功。"简单说，就是对成长的恐惧。马斯洛称这种情结为"对自身杰出的畏惧"或"躲开自己的最佳文才"。最初他在笔记中指出："我们害怕变成在最完美的时刻，最完善的条件下，以最大的勇气所能设想的样子，但同时我们又对这种可能非常的追崇。"它是一种情绪状态，主要体现在我们不敢去做本来自己能够做得很好的事，甚至还会逃避发掘自己潜在能力。它在日常生活中可能表现为缺少上进心，或称为"伪愚"。

有位美国女孩，很小的时候就想成为一名世界级的滑雪运动员。为了实现自己的梦想，她5岁时就开始练习滑雪。由于小女孩努力刻苦，滑雪技能得到教练的认可，认为她是一位不可多得的滑雪好苗子。有了教练的肯定和家长的支持，小女孩练得更加用心刻苦了。然而，就在她想着梦想一路前进时，命运给她开了一个天大的玩笑，12岁那年，医生宣告她得了骨癌，为了保住生命，她被迫锯掉了右腿。

天啊！锯掉右腿？对于一个风华正茂的女孩子说，这是多么惨痛的事情啊，更何况她是那么地热爱着滑雪。开始的时候，女孩子害怕极了，她将自己关在屋子里，哭哭啼啼，心里布满了害怕、绝望、迷茫……

后来，父母带女孩认识了一位越战老兵，这老兵也只有一条腿，但滑雪技巧极佳。在那儿，女孩重拾往日的信心，她变得勇敢起来，踏上单脚滑雪的学习生涯。单脚滑雪并不是件容易的事，必须得有很好的平衡感。为了掌握好平衡，女孩经常摔倒，但是她还是一次又一次地爬了起来！她在心里暗暗发誓：我要不断挑战自己，战胜恐惧，绝不被骨癌打败。

最终，她以顽强的斗志和无比的勇气，战胜了无数常人想象不到的痛苦，并创下了多项世界纪录，包括夺取1988年冬奥会的滑雪冠军，并在美国滑雪锦标赛中赢得了29枚金牌。她就是美国运动史上极具传奇色彩的著名滑雪运动员——戴安娜·高登。

可是，厄运之神却仍不断盯着戴安娜！在她30岁那年，她又罹患了乳腺癌，两个乳房被切除。手术苏醒后，黛安娜不断哭泣，"我已经失去了一条腿，老天为什么又要拿走我的双乳？"很长一段时间里，她都没有勇气在澡堂、游泳馆等公共场合脱下自己的衣服。

直到有一天，黛安娜勇敢地站在了镜子前面，她久久地注视着自己断了腿、缺双乳的身躯，最终说出了这么一句话："我大腿上、胸脯上的伤痕都是很了不起的！这都是我生命的痕迹！它们告诉我，我没有在生命中怯懦过、退缩过！"从那时起，当黛安娜再去游泳池时，就很坦然地在女生浴室里裸体淋浴了！

不久后，在做年度身体检查时，医生无奈地告诉黛安娜："你的癌症已经控制住了，但你的子宫里有一个很大的肿瘤，很可能转化成恶性，所以，我们只好切掉你的子宫。"

"什么？切掉我的子宫？剥夺我生小孩的权利？"这个诊断就像晴天霹雳一样朝戴安娜压过来，她不断哭泣着，甚至想过了自杀！不过，当平静下来时，她又想到那振奋自己的话——"疤痕"是生命的痕迹，它们告诉我：我没有在生命中怯懦过、退缩过！于是，她再一次坦然面对生命，勇敢地站了起来！她一直激励自己："我要为自己的生命负责，绝不放弃！"

后来，黛安娜成为一名励志演讲家，她将自己勇敢抗争命运的故事分享给众多的人，"嘿，那只不过是一对乳房而已，它本来也并不怎么大嘛！"她的追随者越来越多，美国前总统布什更是颁奖表扬了她那"刚毅卓越的精神"。

尽管厄运之神不断地与黛安娜开着各种玩笑，但是她告诉自己，不要在生命中怯懦、退缩，而是勇敢地挑战那些艰难险阻。毫无疑问，是她的坚韧与顽强，让她具备了势不可挡的征服力，最终改变了自己的命运。

一个人要想成功就要勇敢面对"约拿情结"。约拿还未行动之前就放弃了行动，其实就是放弃了成功。一个人想要成功，就一定要有自信，不要怀疑自己的能力和潜能，更不要认为成功只属于别人。药物发明者欧立希，经历了上百次的失败，也未能成功，但他仍一如既往地工作，在坚持做第 606 次试验，他终于成功了。一个人具备永不放弃、坚定信念、自我战胜的品质，才能迎来成功。

许多时候，我们的内心往往被眼前的困境吓倒，一蹶不振；不敢尝试，放弃了绝地逢生的机会，碌碌终生。但是如果你克服了眼前的困难，奋力一搏，也许你会因此而创造奇迹。

成功从来不畏惧失败，就算真的失败，他也宁愿选择一种轰轰烈烈的方式失败。苏东坡一生命运坎坷，屡遭贬谪，但他仍保随遇而安的态度，就算以抱病之躯从荒远的海南岛赦免还乡之际仍然欣然："九死南荒吾不恨，兹游奇绝冠平生。"也正是他的自我战胜，造就了他的旷达与豪放。

关键时刻，敢于拿出勇气去背水一战

在奋斗过程中，每个人都不可避免地会遇到各种各样的风险，在风险来临时，我们一定要拿出背水一战的信心和勇气。在生活中，有些人一生碌碌无为，是因为他们永远不敢挑战自己，一生都安于现状，永远不知道自己的潜力有多大，是否有个更好的明天。行为学家将害怕改变、安于现状的心态称为"稳定的恐惧"，意思是说，因为害怕失败，所以恐惧冒险，结果"观望"

136

了一辈子，始终得不到自己想要的东西。

要想成功，只奉行稳健地"迈着方步"这一条原则是不行的，关键时刻，必须要有背水一战的勇气和破釜沉舟的决心。

被传为佳话的"背水一战"的史例就足够说明这一点：

楚汉战争中有"军事奇才"之称的韩信曾经率数万新招募的汉军越过太行山，向东边攻打赵国。成安君陈馀集中 20 万兵力，占据了太行山以东的咽喉要道——井陉口，准备迎战。在井陉口以西，有一条长约 100 里的狭小通道，两边是山，道路极为狭窄，韩信带兵必须要经过那里。

当时，赵军的谋士李左车献计说："正面死守不战，派兵绕到后面去切断韩信的粮道，将韩信困死在井陉的狭小通道中。"

陈馀不听，说："韩信仅仅只有几千人，千里袭远，如果我们避而不击，一定会让对方笑话的。"

韩信得知消息之后，迅速率领汉军进入井陉狭小通道，在距离井陉口 30 里的地方扎下营来。半夜中，韩信就委派 2000 轻骑兵，每个人带一面汉军的旗帜，从小道迂回到赵军大营后方埋伏。

韩信告诫他们说："交战时，赵军见我军败逃，一定会倾巢出动，不停地追赶我军的，你们火速冲进赵军的营垒之中，拔掉赵军的旗帜，竖起汉军的红旗。"

其他的汉军简单吃了些东西后，立即就向井陉口进发。到了井陉口，大队渡过绵蔓水，背水列下了阵势。高处的赵军远远地看到了，都在笑韩信。

天亮之后，韩信设置起大将的旗帜和仪仗，率众开出井陉口。陈馀则率领全军蜂拥而出，说要生擒韩信。韩信则假装抛旗弃鼓，逃回河边的阵地。而陈馀下令赵军全营出击，一直逼近汉军的营地。

在无路可退的情况下，汉军个个都奋勇无比，拼死求胜。在双方厮杀半日之后，赵军仍旧无法获取胜利。

当赵军退回营垒时，才发现自己的大营中全是汉军的旗帜，队伍开始大乱。最终，陈馀被俘。

陷之死地而后生，置之亡地而后存。古今中外成大事者，都是具有这种将自己置之死地而后生的精神。从某种意义上说，这也是给了自己一个向生命高地冲锋的机会，给了自己一个成为强者的机会。

据科学家证明，人在危及自己生命的险境中，身体中会分泌出大量的肾上腺素，可以激发人无尽的潜能，可以促使人跑得更快，跳得更高，力量也会更强，从而做出惊人的壮举。当人处于顺境或宽松的情况下，是不可能突然爆发出这种惊人的潜能与做出惊人的成就的。所以，要成功，就一定要敢于将自己置于险境之中，有背水一战的勇气和破釜沉舟的行动。

爱尔德是英国一位著名的探险家，曾在 1963 年驾驶小飞机成功地飞越太平洋。

1963 年，爱尔德驾驶着"爱尔德"号小飞机，打破了 1927 年美国人柏林创下用 32 小时飞越 3610 海里的纪录，而他自旧金山抵达台北，创下了 35 小时飞越 7312 海里的纪录，单人单引擎飞机飞越太平洋的世界纪录。他的这项惊人的纪录，至今仍旧无人能打破。

驾驶单人单引擎飞机飞越太平洋是世界上许多探险家的愿望。但是，几十年过去了，许多人从未对这一愿望付诸过行动。因为小飞机的载油量是十分有限的，要想飞越太平洋，中途就必须加油。而飞机失事 70% 发生在降落过程中，何况单人引擎飞机起飞比降落更危险。飞机以单引擎推动滑行到跑道的尽头，有时仍达不到升空的速度，就会撞毁或坠落。如果增添飞机的载油量，那就等于在它身上安置了"飞行炸弹"。面对这种危险，有谁敢在太平洋上空赌一把呢？

爱尔德敢！在颁发证书的记者招待会上，他讲述了自己成功的奥秘："自从飞机飞的那一刻，我就斩断了自己的退路，让自己置于命运的悬崖上。正是这种无退路的境地，我才会集中精神奋勇向前，从生活中争取属于自己的位置。我们常在付诸行动之前就为自己设计好退路了，这就好比自己先打倒自己，任何失败都是从此开始的。"

如果凡事因恐惧危险而畏首畏尾，则永无出人头地之日。唯有勇于冒险、敢于创造挑战，方能使人生创造奇迹。为此，我们在追求成功的道路上，必须要具备背水一战的精神和勇气，这样才能凭着一鼓作气的士气与不成功便成仁的意志，不断地采摘成功的果实，闯出属于自己的一片天地。

人的潜力是无限的，只要勇于用行动去挑战，就能产生一种超乎常规的力量。背水一战、破釜沉舟，就是不断给自己加码，就是在跟自己竞争。"没有一件事比尽力而为更能满足你，也只有这个时候你才会发挥出最好的能力。这会给你带来一种特殊的权利，以及一种自我超越的胜利。"

立即行动，所有恐惧就烟消云散了

强有力的行动是治愈恐惧的良方，而犹豫、拖延将不断地滋养恐惧。在《少有人走的路》中，派克说："人大部分的恐惧都与拖延有关，我们常常会害怕改变，其实都是因为自己太懒了，懒得去适应新的环境，懒得去学习新的知识，涉足新的领域，如果总是这样的话如何能让自己成熟起来呢？"可见，拖延是恐惧产生的重要原因之一。

舒克是纽约市一家证券公司的市场部经理。他曾经生动地讲述了拖延的心态："这就像一个跳得很高的跳高运动员。你训练了几个月，在身体和精神上已经调整好了自己，一遍又一遍地尝试跳过横杆并打破纪录。然后，当你终于下决心开始跳了，新的担忧和恐惧马上袭来。如果我跳得比之前高了，别人会怎么做？他们会不会把横杆升高……当诸如此类的担忧越来越多时，拖延自然成为必要的第一选择。从拖延到恐惧，到痛苦，一直恶性循环。"

要克服这种恐惧、害怕和担忧，我们要做的就是在行动之前必须充分地酝酿，一旦下定决心，就应该果断地行动，当你越是积极地行动，就越能够驱散内心的恐惧。

玛丽是一个家庭主妇，上个月，她刚开了一家书店。作为一个拖家带口的人，在这个时候开一家书店，很多朋友都不认同。她的朋友们都认为那简直就是逆天而行的行为。也有人十分羡慕地表示，这也是她们的理想。但怕不赚钱怕做不好，就没有行动。

就在昨天，当她丈夫威廉问她为什么这样做时，玛丽说："首先，我承认开书店是带着情怀和理想的成分，但并只是觉得好玩，而是有十分周密的思考和运营策略。并且，在这之前，我也给自己设置了最好的结果和最坏的结果的场景，最好的结果是让这家书店的生意火爆起来，我作为商业领袖被人采访，享受属于我的荣光。最坏的结果就是亏钱，亏多少我也是早有预算控制。所以，当我发现了某个场地极好时，就在第一时间将书店开了起来。"

玛丽的行为才是不拖延的特征，也就是不害怕失败，也不恐惧成功。她能做到这一点很重要的原因就是，她不害怕改变，她能把控失败。事实上，能够审视和接受其某些行为带来的改变，都是对付拖延的最好的办法。

但凡在某个领域做出重大成就的人都是货真价实的行动派。他们从不屈从于惰性，无论做什么事情都雷厉风行。比如，高产作家威尔斯成功的秘诀就是有了灵感立即记下来，绝不让自己思想的火花稍纵即逝，即便到了深夜。只要大脑在电光石火的一瞬涌现出了灵感，他也不会因为想要睡觉而把将其诉诸笔端的工作拖到第二天，而会马上打开电灯，拿起放在床头的笔。马上记录灵感，然后才肯就寝。

伟大人物会因为及时行动而获益，普通人也会因为及时实践自己小小的想法而获得意想不到的收获。

保险业务员曼利·史威兹有两大爱好一钓鱼和打猎，他喜欢带着钓竿和猎枪走进森林深处，有时一连在森林里待上好几天，尽管又脏又累，可是回家后却感到无比快活。钓鱼和打猎占用了他很多时间，每次离开宿营的湖边，即将投身到保险业务工作时，他都感到无限眷恋——在大自然中自由畅游的感觉是多么美好啊，他真不愿意抽身出来。

突然，他的脑海里闪现出一个想法，在荒野里宿营和打猎的人也需要买保险，他清楚有不少人喜欢在森林中探险，那是一个庞大的潜在市场，如果他能把握机会，完全可以边狩猎边工作。阿拉斯加公司的员工、居住在铁路沿线的猎人和矿工都能成为他未来的客户。

曼利·史威兹说做就做。制订好计划后，他一点时间也不愿耽搁，立即启程前往阿拉斯加，沿着铁路步行，广泛接触沿线居民，人们送给他"步行的曼利"的称号。

曼利·史威兹深受那些潜在客户的欢迎。他经常到他们家里做客，与其建立起友好的关系。

一年以后，他签下了大量的保单，销售业绩一路猛涨，获得了不菲的收入。与此同时，他还能继续在森林里钓鱼和打猎，工作、生活两不误，过上了人人羡慕的美好生活。

无论我们追求什么，总是要付出成本的。计划再完美，如果迟迟不去行动，只会颗粒无收。与其临渊羡鱼，不如退而结网，不要羡慕别人，也不要将希望寄托于虚无缥缈的明天。从今天起，从此刻起，只要下定了决心，就马上去行动，别让拖延成为滋生恐惧心理的温床。

走出失败的"阴影"，和过去彻底告别

生活中，一些人的恐惧、害怕心理皆是因为之前的"挫败"经历造成的。正所谓"一朝被蛇咬，十年怕井绳"说的就是这个道理。当我们被过去的"阴影"困扰时，就应该学着用积极的心态去接纳过去，别轻易被它所影响。唯有这样，我们才能走出阴影，才能走向光明和幸福。

有一位富商，在一次大生意中亏光了所有钱，并且欠下了债。他卖掉房子、汽车，还清了债务。

此刻，他孤独一人，无儿无女，穷困潦倒，唯有一只心爱的狗相依为命。

一个大雪纷飞的夜晚，他来到一座荒僻的村庄，找到一个避风的茅棚。他看到里面有一盏油灯，于是用身上仅存的一根火柴点燃了油灯，拿出书来准备读书。但是，一阵风忽然把灯吹灭了，四周立即漆黑一片。这位孤单的老人陷入了无尽的黑暗之中，对人生感到痛彻的绝望，甚至想结束自己的生命。但是，立在身边的狗给了他一丝安慰。他无奈地叹了一口气，便沉沉地睡去。

第二天醒来，他忽然发现心爱的狗也被人杀死在门外。抚摸着这只相依为命的狗，他突然决定结束自己的生命，因为世间再也没有什么可留恋的了。于是，他最后扫视了一眼周围的一切。

他发现，整个村庄都沉寂在一片可怕的寂静之中。他不由得急步向前，惊讶地睁大了眼睛：太可怕了，尸体，到处是尸体，一片狼藉。很显然，这个村庄昨夜遭到了匪徒的洗劫，连一个活口都没能留下来。

看到这可怕的场面，老人不由心念急转：啊！我是这里唯一幸存的人，我一定要坚强地活下去。

此时，一轮红日冉冉升起，照得四周一片光亮，老人欣慰地想，再昏暗阴冷的天，总会有太阳升起的时刻，我何故要因为一时的失意而放弃全部呢。再说，我是这个村庄唯一的幸存者，我没有理由不珍惜自己。虽然我失去了心爱的狗，但我保住了生命，只要生命在，人生随时都可以重新开始。

怀着这样的信念，老人迎着朝阳又出发了。

有一句话说，这个世界上除了死，一切都是小事。只要生命在，人生随时都可以重新开始，怀着这样的信念，人生即便遭遇再大的风浪，你也能"东山再起"。

如果你的演讲、你的考试和你的愿望没有获得成功；如果你曾经尴尬；如果你曾经失足；如果你被训斥和谩骂，请不要耿耿于怀。对这些事念念不忘，不但于事无补，还会占据你的快乐时光。抛弃它吧！勇敢地走出失败的阴影，你就会发现人生没有过不去的坎儿，只有过不去的人。

28 岁的艾力克斯刚刚大学毕业就和几位朋友一起在硅谷做起了软件公司。

在公司启动阶段，他们筹集到了 3500 万美元资金。18 个月后，在大家的共同努力下，公司就登上了《科技》杂志的封面。《科技》杂志是当地极有名望声誉的杂志。它称艾力克斯公司是硅谷最具潜力的软件公司之一，并且预计其游戏产品一定会大卖热卖。

90 天之后，艾力克斯便发现他们游戏的销售业绩很糟糕，没有人愿意购买。这时，公司最棒的工程师开始考虑跳槽。由于公司有 120 名员工，而且需要用钱的地方很多，艾力克斯和其他几个合伙人很快就花光了手中的钱——公司走到濒临崩溃的边缘。

面对此种压力，艾力克斯精神几近崩溃。他绝对无法容忍这样的事情发生在他的身上。慢慢地，他开始否定自己的错误。他觉得他做好了投资者要求他做的所有事。他筹集到大量资金，也承担了巨大压力。他按照计划招聘了所有需要的人才。这一定是别人的过错。

两个星期过去了，艾力克斯开始变得愤怒，指责其他所有人。他觉得这是那些工程师的错，因为他们背弃了自己。不过，销售和营销部门也有责任，他们应该早点告诉他游戏卖得有多差。

接下来的一周，当巨大的失败不可逃避地向艾力克斯袭来时，他整个人显得极为消沉和沮丧。有一段时间，他经常很晚才起床，然后下午五点钟就上床睡觉——他对自己行业内的一切都失去了兴趣。

又过了一个多月，艾力克斯开始回过头去总结失败的原因。他想了很多，并用小本子记下了他失败的几点原因。此时，他开始正视自己应该负担的责任了。

三个多月过去了，艾力克斯不再指责他人。他下决心要改变自己的行为。他审视了自己的行为模式，不仅是最近一次创业失败的经历，而是他整个的工作生涯。他学会了如何克服狂妄自大，如何让其他有才干的人跟着他一起创业而不仅仅是为他打工，学会了倾听他人的意见，并且努力做出正确的决策。

三年后，艾力克斯又整装待发了，因为他觉得自己心智比之前成熟了许多。最为关键的是，他有了上一次失败的教训，这次对成功的把握更大了一些。

在创办这一家公司时，他特意避免做出曾将上个公司带入深渊的那些行为。他们建立了一个团结协作的创始人团队。当他和其他的联合创始人将公司做大做强之后，他们聘请了一名职业经理人来担任首席执行官。一年后，他们的大股东赚得了上亿美元利润。

这是艾力克斯走出失败阴影的心路历程。事实上，每个人失败后，都会有过类似的心理体验。关键是多数人在失败后，一味地停留在沮丧和消沉的情绪中，不愿再轻易去尝试和冒险；而真正的强者则会像艾力克斯一样，会积极地走出失败的"阴影"，带着"经验、教训"去重新开创新的辉煌。

勇敢地跳出属于自己的"舒适区"

内心怯懦者因为对外界心存恐惧，总喜欢躲在没有压力的舒适区里生活，这种做法会让人丧失证明自己的机会，也不利于其摆脱怯懦的个性。对此，要想改变对自我的看法，就必须去尝试，勇敢地走出"舒适区"，在行动中渐渐地让自己变得强大起来。

今年24岁的爱莎本来一直觉得自己是个开朗大方的人，社交恐惧这辈子应该与她无关。可没想到，加州大学硕士毕业参加工作后，她就不敢再说这样的"大话"了。

爱莎被一家外资企业的企划部录用，工作没几个月，就得知公司要开年会，而且外方大老板及七位董事都将飞来纽约来参加年会。

爱莎心情异常激动，因为"接近总裁"的机会终于要来了！可是，兴奋过后，她又不免觉得越来越"心慌"，毕竟是自己第一次遇到这么大的场合，过去在学校的那些"演讲比赛"、"联欢会主持人"的经历，到了现在都没有什么参考价值了。

爱莎急忙请教资深同事，问她们在年会上该如何装扮。但不知怕"撞衫"还是别的什么原因，没有人肯透露自己准备在年会上穿什么衣服。

那天到了会场，爱莎一看，穿衣打扮最"老土"的就是她和另三位新人。整个会场大厅处处衣香鬓影，人人都打扮得华贵入时。这样的场面搅得爱莎她们四个人头昏脑涨。

在这种情况下，别说和外方董事打招呼了，就是待在大厅里都全身不自在。她们只有躲在角落里拼命灌饮料，不时去洗手间透透气，以此来逃避"无所不在"的压力。

突破心理舒适区，克服冒险的恐惧感，是逐渐让我们强大和成熟起来的根本。其实对于爱莎来说，只要事先将无用的"杂念"从头脑中驱除，再勇敢地站出来，将自己最美好的一面呈现出来就可以了。

卡耐基说："在这个世界上没有什么比什么积极的行动都不敢尝试更糟糕的事了。"的确，没有变革，就没有进步。试着跳出舒适区，勇敢地做一次冒险家，也许一次小小的改变，就能像星星之火一样，很快发展成燎原之势，甚至彻底逆转你的整个人生。

法国著名作家大仲马年轻时穷困潦倒，迫切需要一份工作。为了谋生，他浪迹巴黎，希望父亲的朋友能够帮忙为自己谋一份差事。

父亲的朋友想知道他都擅长些什么，便问他："你精通数学吗?"大仲马立即摇了摇头。

父亲的朋友知道理科非他的强项，又换了个问题："那么你通晓历史和地理吗?"大仲马又摇了摇头。

"那么法律知识你总该懂些吧?"父亲的朋友又问。大仲马还是摇头。

父亲的朋友不死心，又接连发问。大仲马羞愧地说自己什么都不会，一无所长，说完就窘迫地低下了头。

父亲的朋友见这位青年对自己的评价竟是毫无优点，也实在想不出什么能帮助他的办法，就让他把住址写下来，以便日后联系。

大仲马写完住址后转身欲走，父亲的朋友却像发现新大陆一样惊叫起来："你的字写得很漂亮啊! 这就是你最大的优点啊! 你不该随便找一份糊口的工作。年轻人，你将来一定会有一番作为的。"

大仲马大受鼓舞，开始尝试写小说。数年后，他终于写出多部享誉全球的优秀作品，成为法国家喻户晓的著名作家。

自卑的大仲马认为自己没有一点长处，最初的目标仅仅是找一份能够糊口的工作，因为这样他就能躲在心理舒适区里安静地生活——这种心理状态和众多自卑者是完全一致的：胸无大志、小富即安，找一份难度不大的工作，勉强维持生活就完全满足了。假如大仲马当初没有在父亲朋友的鼓动下突破心理舒适区，

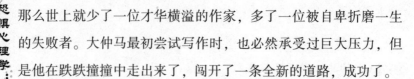

那么世上就少了一位才华横溢的作家，多了一位被自卑折磨一生的失败者。大仲马最初尝试写作时，也必然承受过巨大压力，但是他在跌跌撞撞中走出来了，闯开了一条全新的道路，成功了。

《阿甘正传》里有这样一句经典台词："人生就像一盒巧克力，你永远也不知道下一个吃到的是什么味道。"人生确实充满了不确定性，只有勇于体验，方能解其中味，也方能战胜自卑带来的恐惧感，成为真正的强者。

绝望时，对自己说声"不要紧"

要提高自己的抗挫能力，就要在绝望时对自己说"不要紧"。当你受到打击时，请说声"不要紧"，振奋起精神，勇敢地面对命运的挑战；当你受到挫折时，请说声"不要紧"，你就有勇气去面对人生，再攀高峰。

伊萨贝拉是哈佛商学院的学生，在一位老教授的课上，她听到这样一句话："我有句三字箴言要奉送给各位，它对你们的学习和生活都会有大大的帮助，可以使人时刻保持心境平和，这三个字便是'不要紧'。"

伊萨贝拉领会了那句三字箴言所蕴含的智慧，于是就在笔记簿上端端正正地写下了"不要紧"作为箴言。她决定不让挫折感和失望感破坏自己平和的心境。

她爱上了英俊潇洒的凯文。他对她极为重要，因为他是她的白马王子。

可是，有一天晚上，凯文却对伊萨贝拉说，他只把她当作普通的朋友。伊萨贝拉以他为中心构想的世界当时就土崩瓦解了。那天夜里伊萨贝拉在卧室里哭泣时，觉得记事簿上的"不要紧"那几个字看来很荒唐。"要紧得很，"她喃喃地说，"我爱他，没有他我就不能活。"

但第二日早上伊萨贝拉醒来再看到这三个字之后，就开始分析自己的情况：究竟有多要紧？凯文是很好，但是他根本不爱她，自己会希望和一个不爱自己的人结婚吗？就这样，日子一天天地过去了，伊萨贝拉发现没有凯文，自己也可以生活。伊萨贝拉觉得自己仍然能快乐，将来肯定会有另一个人进入自己的生活，即使没有，她也仍然能快乐。

几年后，一个更适合伊萨贝拉的人真的来了。在兴奋地筹备婚礼时，她把"不要紧"这三个字抛到九霄云外。她不再需要这三个字了，她觉得以后将永远快乐，她的生命中不会再有挫折和失望了。

然而，有一天，丈夫和伊萨贝拉却得到了一个坏消息：他们曾经投资做生意的所有的积蓄，全部赔掉了。

丈夫把这个坏消息告诉伊萨贝拉之后，她看到他双手捧着额头。她感到一阵凄酸，胃像扭作一团似的难受。伊萨贝拉又想起那句三字箴言："不要紧。"她心里想："真的，这一次可真的是要紧！"

可是就在这时候，小儿子用力敲打积木的声音转移了伊萨贝拉的注意力。儿子看到妈妈看着他，就停止了敲击，对着她微笑。这让伊萨贝拉感到舒畅极了。于是，她就对丈夫说："一切都会好起来的，我们损失的仅仅是钱，实在'不要紧'。"

生活中有很多突发的变故，会给我们的心灵带来压力。很多人会因为这些压力而变得一蹶不振，甚至会因此而失去生活的勇气。事实上，很多问题并不像我们想象的那么严重，面对这些狂风暴雨，如果我们能够尝试着对自己说"不要紧"，时刻保持积极的心态，那么这些人生困难最终都将过去。

如果一个人在 46 岁时，因意外事故被烧得不成人形，四年后又在一次坠机事故后腰部以下全部瘫痪，他会怎么办？再后来，你能想象他变成百万富翁、受人爱戴的公共演说家、扬扬得意的新郎官及成功的企业家吗？你能想象他去泛舟、跳伞，在政坛角逐一席之地吗？

米契尔全做到了，甚至有过之而无不及。在经历了两次可怕的意外事故后，他的脸因植皮而变成一块"彩色板"，手指没有了，双腿很细小，无法行动，只能瘫痪在轮椅上。

意外事故把他身上 65% 以上的皮肤都烧坏了，为此他动了 16 次手术。手术后，他无法拿起叉子，无法拨电话，也无法一个人上厕所，但以前曾是海军陆战队员的米契尔从不认为他被打败了。他说："我完全可以掌握我自己的人生之船，我可以选择把目前的状况看成倒退或是一个起点。"六个月之后，他又能开飞机了。

米契尔为自己在科罗拉多州买了一幢维多利亚式的房子，另外也买了房地产，一架飞机及一家酒吧。后来他和两个朋友合资开了一家公司，专门生产以木材为燃料的炉子，这家公司后来变成佛蒙特州第二大私人公司。坠机意外发生后四年，米契尔所开的飞机在起飞时又摔回跑道，把他胸部的 12 块脊椎骨全压得粉碎，腰部以下永远瘫痪。"我不解的是为何这些事老是发生在我身上，我到底是造了什么孽？要遭到这样的报应？"

米契尔仍不屈不挠，日夜努力使自己能达到最高限度的独立自主。他被选为科罗拉多州孤峰顶镇的镇长，以保护小镇的美景及环境，使之不因矿产的开采而遭受破坏。米契尔后来也竞选国会议员，他用一句"不只是另一张小白脸"的口号，将自己难看的脸转化成一项有利的资产。

尽管面貌骇人、行动不便，米契尔却坠入爱河，且完成了终身大事，也拿到了公共行政硕士学位，并继续着他的飞行活动、环保运动及公共演说。

米契尔说："我瘫痪之前可以做一万件事，现在我只能做 9000 件，我可以把注意力放在我无法再做好的 1000 件事上。或是把目光放在我还能做的 9000 件事上。我要告诉大家，我的人生曾遭受过两次重大的挫折，如果我能选择不把挫折拿来当成放弃努力的借口，那么，或许你们可以用一个新的角度来看待一些一直让你们裹足不前的经历。你可以退一步，想开一点，然后你就有机会说：'或许那也没什么大不了的。'"

人生之路，不如意事常八九，一帆风顺者少，曲折坎坷者多，成功是由无数次失败构成的。在追求成功的过程中，还须正确面对失败。乐观和自我超越就是能否战胜自卑、走向自信的关键。正如美国通用电气公司创始人沃特所说："通向成功的路，即把你失败的次数增加一倍。"但失败对人毕竟是一种"负性刺激"，总会使人产生不愉快、沮丧、自卑之感。

面对挫折和失败，唯有乐观积极的持久心，才是正确的选择。其一，采用自我心理调适法，提高心理承受能力；其二，注意审视、完善策略；其三，用"局部成功"来激励自己；其四，做到坚忍不拔，不因挫折而放弃追求。

看淡"失"，才更容易"得"

人之所以恐惧心理，多数情况下是因为把得失看得太重。为此，要真正地驱赶恐惧，就要学着去看淡人生的"失"，才更容易收获意外的"得"。

正如南怀瑾先生所说的那样，世上有许多事情的确是难以预料的。得也好，失也罢，总是相生相伴的。当好事降临时，不狂喜，也不要盛气凌人，把功名利禄看轻看淡一些；当祸事侵袭时，不要悲伤，也不要自暴自弃，把厄运挫折看开一些，也许厄运不经意间则能为你带来福气。这样，我们才能在波折中多一些淡定。

2008年温布尔登网球公开赛中，郑洁这个排名世界133位的外卡选手一路横扫数名种子选手，顽强地挺进了半决赛。在温布尔登网球公开赛131年历史上，这是破天荒的头一次。

在击败头号种子伊万诺维奇的赛后采访中，郑洁回应道："今天我打得非常放松，每个球都打得很放松，每个球都打得很好。"

记者询问："你为什么可以这么放松？"

郑洁说："因为她是顶尖球员，所以我是带着享受比赛的心态去比赛的。我觉得作为运动员，输和赢都不重要，关键是你是否享受到了比赛带给你的激情体验。"

只有看淡"失"，才能以享受、愉悦的心态去享受过程，才更容易"得"。一位哲学家说，人生犹如钟摆，总是在得与失之间来回地摆动。其实仔细想想，人生就是一个过程，如果你带着享受的心态去对待一切，那么很容易在轻松的状态下得到意外的收获。

在第二次世界大战期间，一个飞行员身负重伤，被医生宣布必死无疑，但他却神奇般地活了下来。他说："现在能多活一天，都是捡来的，所以我无所顾虑。"

战后，他开创了自己的事业并获得了成功。而经验就是他从不考虑输赢成败这些与工作无关的任何影响因素，只专注于做好每一件事。

人的一生，无论比赛也好，经商也罢，总是在得与失之间循环，当你不在乎失时，往往另有所得。只有真正地认清楚了这一点，我们就不至于为失去的追悔莫及，就能够活得心安理得。

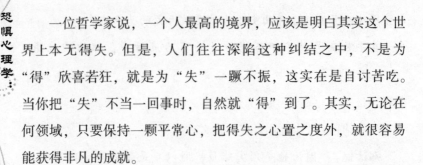

一位哲学家说，一个人最高的境界，应该是明白其实这个世界上本无得失。但是，人们往往深陷这种纠结之中，不是为"得"欣喜若狂，就是为"失"一蹶不振，这实在是自讨苦吃。当你把"失"不当一回事时，自然就"得"到了。其实，无论在何领域，只要保持一颗平常心，把得失之心置之度外，就很容易能获得非凡的成就。

居里夫人一生共获得十次各种各样的奖金，各种奖章 16 枚，各种名誉头衔共 117 个。但是，在这些至高的荣誉面前，她始终都能保持一颗平常心。

有一天，一位朋友到她家中做客，看到居里夫人的小女儿正在玩英国皇家学会刚刚颁发给她的一枚金质奖章时，大惊道："英国皇家学会的奖章怎么能给孩子玩呢？这可是至高的荣誉呀！"

居里夫人看罢，便笑了笑说："我只是想让孩子们从小就知道，荣誉其实就像玩具一样，只能玩玩而已，绝不能永远守着它去生活，否则一辈子可能终将会一事无成。"

不仅如此，居里夫人还毅然推辞掉了一百多个荣誉称号。正是她始终能在荣誉面前保持一颗淡然的心态，才使她能够获得第二次诺贝尔奖。

一个人只有将"得失"心置之度外，才能专注于自己的事业，才能沉浸于其中，自享其乐，成功的道路就是为有这种心态的人铺就的。在生活中，当你因为太看重"得失"而跃跃欲试不敢轻易尝试、冒险时，那就先学着去调整自我的心态，看淡"失"，也别太计较"得"，这可以助你成就非凡的成就。

第七章　社交恐惧：
每个人都不是完美的

我们时常自我封闭，不敢与人交往，这是因为过于自卑，总怕自己会在重大场合出丑。其实只要自信一点、乐观一点、勇敢一点，就能轻松潇洒地与人进行交往，就能把对社交的恐惧变成有力的减压器。

什么是社交恐惧

社交恐惧是一种在社交场合表现出来的恐惧。这种恐惧非常常见，各个年龄段的人都会有这种情绪，没有明显的性别差异。虽然社交恐惧是一种非常常见的恐惧，但却很少被人们当作一种心理障碍认识，只是将它与"害羞""羞怯""内向"联系在一起。人的害羞不一定发展成恐慌，社交恐惧必然伴随着恐慌反应。羞怯不与羞耻感相连，只是一种羞涩、胆怯的情绪，但社交恐惧这种情绪含有羞耻的成分。

心理学家将人们社交恐惧时的表现分为4类。第一类是思维方面的表现，例如无法集中精力思考问题，担心自己会出丑，大脑一片空白，不知道说什么好；第二类是行为方面的表现，主要是逃避，例如不敢正视他人的眼睛，用头发将脸遮起来，在人多的时候玩手机等，言语表达不流畅也是一方面；第三类是人的身体反应方面的表现，主要包括脸红、发抖、出汗、身体僵硬、心跳加速、呼吸困难等；第四类是人的情感方面的表现，人在面临社交恐惧的时候，经常出现忐忑、自卑、愤怒、抑郁等情绪。社交恐惧的这些表现不是独立发生的，有可能是一种表现开始，其他表现接踵而来，也有可能是各种表现同时发生。

根据社交恐惧出现的场所，可以将社交恐惧分为广泛社交恐惧和特殊社交恐惧。广泛社交恐惧是指那些无条件出现的恐惧心理，例如不敢去公共场所，不敢认识新的朋友，不敢和他人讨论问题，无论什么时候都感觉被人指指点点，不能接受与人聊天等。当生活中的每一个环境都成为必须要避免的社交情景时，躲在家里不出门就成为这些人的最好选择了。特殊社交恐惧特指在一定场合下出现的社交恐惧，比如当众发言的恐惧，推销商品的恐惧等。这种恐惧的高峰期在发言以前，一旦进入状态，恐惧感就会逐渐变弱，甚至消失。当发言结束后，人们会感到轻松。广泛社交恐惧的危害要比特殊社交恐惧的危害大得多。特殊社交恐惧只是出现在特定的场所，正常人在这些场所都可能感受到恐惧，但在使用了恰当的社交技巧时，这种恐惧的危害可以被控制。然而，广泛社交恐惧的范围比较广，人们为了躲避恐惧，很容易形成回避型人格障碍。

判断一个人社交恐惧严重程度的标准是对某种社交情境的害怕程度。如果只是害怕当众讲话，这种社交恐惧的程度比较正常，但是如果害怕日常交际，那么社交恐惧的程度就比较严重了。社交恐惧症是社交恐惧达到极致时的表现，判断一个人对社交的恐惧是否已经严重到恐惧症的级别有3个条件：

（1）这种恐惧是不切实际的，在很多社交场合都会出现；

（2）极力避免引起恐惧的场合，如果不能避免，恐惧的情绪会非常强烈；

（3）生活已经被社交恐惧扰乱了，并且不知所措。

社交恐惧会对人的生活造成很多障碍。首先受到影响的是人

的社会关系。如果闲聊、打招呼都是一件困难的事，那么很难建立起自己的人际关系网络。如果在当众讲话时表现出明显的紧张、不安，那么自信心会受到影响，听众对他的印象也大打折扣。社交恐惧可能让人失去一些职业发展的机会。在企业中，领导者必须具备一定的社交能力，很难想象一个当众说话结巴的领导会拥有顺从他的下属。对于严重的社交恐惧者，日常生活都会受到影响，比如不敢出门，不敢去商店买东西，不敢接打电话等做法会让人脱离社会群体。有的人在社交局面打不开的时候，用酗酒的方式麻痹自己，似乎在酒精的作用下，就不害怕各种社交情境了。实际上受到了恐惧和酒精的双重伤害。社交恐惧还可能引发其他精神障碍或者精神疾病，有的社交恐惧症患者同时也是抑郁症患者。因为有些社交恐惧症患者对自己进行封闭，长此以往就会因为缺乏人际交流而患上抑郁症。

错误的思维模式会让人不敢交际

社交恐惧的表现主要体现在思维、感情、行为和身体 4 个方面。其中，思维和感情直接影响行为。有的人对社交恐惧采取回避的行为，是因为他们本身的一些想法都是错误的，按照错误的想法行事，回避成为他们最好的选择。

社交恐惧的人经常走极端，所有的事物不是黑的就是白的，很难想象处于两者之间的灰色是什么样的。他们习惯于将事物归为两类，一类是好的，一类是不好的。但被归入好的一类比较少，归入不好的一类比较多。比如，有的人认为"我希望别人听到了我的发言后会称赞我"。他们对称赞的要求比较高，可能包括这样几个意思：

（1）没有人不称赞，凡是听了发言的人都认为他讲得"好"；

（2）讲话的内容必须十分精彩，没有一丝差错，他要做到的是每一句话都是精致的、完美的；

（3）如果在今后很长一段时间内，没有他人发言超过这次发言是最好的了。如果按照这个标准，几乎很难找到一个可以被人称赞的发言了。实际上，一个被人称赞的发言只要能够得到大部分人认同，在个别部分有出彩的地方就可以了。然而对社交恐惧的人却可能认为"如果没有被人称赞，那么这次发言就是失败的"。他的"失败"是彻底的失败，几乎可以将任何形容失败的词语用上。在社交中走上这两个极端都会让人感到非常疲惫。一段成功的发言或者一段失败的发言并没有那么多要求严格的标准，我们要容忍自己做得没有达到最出色的地步，也要相信自己没有达到不能容忍的地步，将自身置于中间状态才是最恰当的做法。

社交恐惧者对自己的直觉异常相信，而且已经达到了执拗的地步，认为自己的直觉要比事实证据更准。这种思维会加深对错误想法的确信程度。有的人总是认为自己说话的时候语速过快或者过慢，不管别人怎样告诉他"你说话的速度很正常"，他都不相信，习惯于自我诊断，练习调整说话的速度，结果是越练习越出错，本来很正常的语速，非让他矫枉过正了。再如，有的人对自己的衣着打扮缺乏信心，总是"发现"别人说他穿得像个乡巴佬。虽然事实上他穿得英俊潇洒，但却寻找到了自己穿着不得体的"证据"，这些证据来自于他自己不正确的判断和没有理性的坚信。

以偏概全是很多社交恐惧的人常有的思维。他们习惯于注重一个不起眼的错误，而忽略整体上的优点。这是因为过于关注细节造成的，将事物的整体忽略了。比如，说话的时候讲错了一个字，就盯着这一点小错误不放，将更为精彩的地方全部忽略。100个听话人中只有一个人表现出不耐烦，就认为这100个人都对他有意见，都表现出不耐烦情绪来了。将注意力集中在一个对全局不能造成影响的小事儿上，就会忽略事物的主干。而且这件小事儿基本上是负面信息，对这一点不重要的负面信息过分在意，很容易打击人的自信心，让人感觉自己什么事都做不好。

社交恐惧的人经常将自己排除在某个群体之外。这种想法可能是在对比中产生的。比如，一个家庭中有好几个孩子，其中有一个孩子表现得比他的兄弟姐妹们差一些，或者受父母的关注少一些，他就会将自己列入不属于这个家庭中的一类。他会总感觉这个家庭没有他才是正常的，不然为什么父母不喜欢他，进而得出"他们"的做法都是正确的，只有自己在犯错的结论。这种想法在成年人中也普遍存在，一个人在与人交流插不上话的时候，就认为自己不是这个圈子的，朋友们都不愿意搭理他。如果一个人有意识地认为自己被排除在某个群体之外，那么他在大脑中就会产生这样的想法：我和他们不是一类人，和他们在一起也没什么可说的，不管我说什么都插不进去话，即使插进去了，他们也觉得我说得不对。他们试图改变自己，使自己融入到一个集体中，但最终却发现无论怎样努力，都不能让自己和别人打成一片。此时，再看到其他人谈笑风生，立刻感到自己的存在感非常低，根本就不被人注意到。接下来就会感到慌乱，想办法避免和这一群人交往，免得自己说了他们不喜欢的话被人嫌弃。这种想法又印证了"我和他们不是一类人"的信念，感觉自己在这一群人中的境地非常尴尬、窘迫。在这样一个个的恶性循环中，让人越来越讨厌与人交往，与朋友们的关系越来越疏远。

　　社交恐惧者错误信念的共同特点是：对自己不利的信息关注过多，对自己有利的信息基本忽略。无论什么时候都会首先想到"我是不是又出错了"。社交恐惧者错误的想法不仅仅是上面列举到这4种，还包括忽略优点思维、先入为主思维、夸大事实思维、假设并检验一个错误想法的思维等。有的时候，几个错误的想法可能同时出现在同一件事情上，这些想法之间相互证明，进而得出一个个更加错误的想法。

追求完美，也会让人产生社交恐惧

　　生活中经常有这样一种人，各方面表现已经非常不错了，但还是认为自己不够好，不允许自己有丝毫缺点。这些人看不到自己身上的闪光点，但却善于发现自己的缺点和不足，不能容忍自己一丁点儿的失误。他们担心自己的这些缺点让别人无法接受。

对于自己优秀的一面，始终看不见。如果有人告诉他"你很优秀"，他也会表现得非常谦虚，说："我觉得人本来就应该这样，这算不了什么。"他们总是能找到各种理由否定自己，总是能发现自己身上的各种不足，虽然这些不足可能在别人眼中根本算不上什么。

这些对完美过于追求的人，非常容易产生社交恐惧心理。有一名办公室文员，不管什么工作到他手里，他都能出色地完成。在外人看来，他是一个工作负责、与同事们相处得非常愉快的人。每当有人夸奖他的时候，他都谦虚地说"是我运气好""这样做还不算太好"等。久而久之，大家都认为他过分的谦虚就等于骄傲。不过，他自己的内心是这样的：

"如果我工作效率高一点，那应该可以早点完成的，刚才在传递文件时，××好像一副等了很久的样子。"

"我在刚才的发言中似乎太紧张了，有几个字的发音都不太准，貌似第三排有个人听出来了，不然他怎么皱一下眉头呢！"

"一会儿向领导汇报工作的时候，一定要注意用词，不能像上次一样惹得领导不高兴。"

从他心中所想可以发现，他不是故意谦虚，而是真的对自己要求严格，凡事都力求完美，在与人交往中，非常害怕自己有哪里做得不够好。社交恐惧者的自我完美主义倾向来自两方面，一是自己对自己要求过高；二是担心自己达不到他人的要求。

有社交恐惧感的人对自己高要求有时候已经到了苛责的地步，所以经常对自己做出负面的评价，甚至让人感觉到他们在贬低自己。他们不断反思自己的行为是否有过错，例如，我刚才说的话有没有问题，我刚才的表情是不是太僵硬了，我刚才回答问题的时候有没有断断续续。他们会仔细回忆自己的每一个动作，每一句话，回想一下是不是有不得当的地方。同时还要回想一下他人的反应，通过他人的反应验证自己的猜测。如果别人没有表现出什么情绪还好，就认为自己基本合格了；如果别人有一丝轻微的不赞同，甚至可能不是针对他，有社交恐惧的人都会感觉自己又犯错误了，然后陷入深深的自责中。他们还会进一步地总结"经验"，想一想以后遇到类似的情况应该怎样做才算得体。

　　社交恐惧者心中有一个完美的、权威的自我，这个自我就是衡量行为的标准。不过这个标准太高了，经常让他们发现自己总是有不合格的地方。一旦发现自己做得不够好，就会否定自己。不自信的情感就会越来越强烈。尤其是当他们在社交中表现出脸红、出汗、声音颤抖、身体不停地打哆嗦等焦虑情绪以后，他们对自己的评价会立刻又降低一个等级。同时还认为别人看到了他种种不适应的表现以后，对他产生不好的印象。这样，他们对自己的负面评价会进一步加强，开始下一轮的恶性循环。

　　有社交恐惧感的人总是认为自己身上有很多缺点，在人群中容易出错。他们不但将"高标准、严要求"强加到自己身上，而且认为别人也是用这个标准衡量他的。所以，无论做什么事，他们都非常重视别人的评价，生怕自己做得不能让人满意。恐惧是他们的一副望远镜，不管自己的缺点在哪里，都能被发现。恐惧也是他们一个敏锐的探测器，寻找到别人发现他出错了的迹象。这种战战兢兢的生活，让人心中非常不安，担心自己不够好的想法越来越强烈。在这种情绪的影响下，他们在与人交往中非常容易紧张。一旦出现这种情况，就更加加深了他们"我又出错了"的心理暗示。长此以往，就得出一个错误的结论：我总是在大家面前出错，这不是在给别人添麻烦吗？为了让自己出丑的样子不出现在众人面前，他们尽量不让自己与人接触，直至最后，连亲人朋友都需要躲避。

每个人心中都有对自己的不满，但这种不满如果能让人进步，就不算是坏事。不过，心中有恐惧的人大多是低自尊、不自信、多自卑的。社交恐惧的人无法忍受自己对自己的不满，虽然想摆脱，但却没有成功。

看上去有社交恐惧心理的人在回避与人交往，实际上他们排斥在外的人是自己。他们总是认为别人熟知自己的各种缺陷，将别人正常的言谈举止都看作是在嘲笑自己。别人对自己的不满都是社交恐惧者给自己找的麻烦，自己对自己的不满非要从别人身上发现。

对自己要求严格并没有错，但是一心想要做到极致，想要让别人挑不出一点问题来就会让人感觉太过疲惫。这样只能让自己成为自己的奴隶。极致的完美是根本不存在的，总是放不下自己的缺点只能让自己过得不快乐，花费大量的时间用于将自己打造成"完人"，这项工作一定是徒劳无功的。每个人都需要面对一个真实的、有缺点的自己，而不是努力成为一个不可能存在的完美的自我。越是害怕自己有缺点，就越能源源不断地发现自己的缺点。要相信一个有缺点的自己是正常的，不要试图回避。我们需要看到自己身上的闪光点，容忍自己的不足，不要太苛责自己。

克服人际交往中的悲观心理

人类本性喜群居，之所以恐惧交往，是因为存在一些不健康的心理，比如悲观。有些人，由于受不正确思想的影响，或者在与他人的交往中，有过受欺骗、被玩弄甚至被出卖的切身感受，由此"看破红尘"，因而产生一种悲观心理，把自己的内心禁锢起来，再不与人往来。

美国心理学家做过这样一个实验，验证了核心品质在印象形成中的作用。在实验中，他把大学生分成两组，每个人都拿到一张描写一个人的词表。第一组拿到都是词表上的词是聪明、灵巧、勤奋、热情、果断、注重实际和谨慎；第二组的词表上的词除了把"热情"改成冷淡之外，其他与第一组完全一样。然后，心理学家让两组大学生分别谈谈对这个人的印象。结果两组大学生对这个人的印象很不相同。第一组大学生中绝大多数人都认为此人慷慨、大方、幸福、人道，有70%的人认为他风趣；而第二组大学生中只有10%认为这个人是宽宏大量、善解人意或是风趣的，大多数人都认为他斤斤计较、无同情心、势力。

之后，心理学家又重新找到两组大学生进行下一轮实验。这次他们更改了一组词汇，将"热情"和"冷淡"分别换成了"礼貌"和"粗鲁"，这次两组大学生对这个人的印象则没有明显的差别。由此，心理学家断定"热情"和"冷淡"是影响人们印象形成的核心品质。

上述实验同时还说明，在印象形成的过程中，消极信息的作用往往大于积极信息的作用。与积极的评价相比，人们更相信消极评价。不管对一个人的品质认识如何，只要发现此人有一个极端消极的品质，人们就会对他全盘否定。如果将这个实验挪用到人际交往的过程中的话，那么对交往的悲观心理的形成就显而易见了。

那么，我们如何才能从这种交往的悲观心理当中走出来呢？首先我们需要从如下几方面入手。

1. 克服"世态炎凉"的悲观交往观念

人们时常会以"世态炎凉，人情冷暖"等词汇来形容现代社会的人际往来。在剥削阶级统治的社会里，"世态炎凉，人情冷暖"的确是一个较普遍的事实，因此我们不能一概否定。然而在今天，我们虽然不能把社会理想化，但总的来看，世态并不是时炎时凉的，人情也不是忽冷忽暖的。人与人之间的关系，也的确还存在着一些丑恶的现象，但这并不是世态的主流。因此，我们应该克服这种交往的悲观理念，就算有一个人在与我们的交往过程中以怨报德，我们也不能怀疑一切人都是以怨报德的。

2. 人心并不是不可测

对交往持悲观观念的人，还会抱着"人心隔肚皮，知人知面不知心"的思想不放。人心隔肚皮的确不错，因为我们不是对方，永远没有办法知道对方在想些什么。但是，能不能做到"知心"就要靠你自己了。很多时候，并不是人心莫测，而是你自己究竟想不想"知"，想不想"测"；再就是自己会不会"知"，会不会"测"。

3. 消除"人走茶凉"的悲观观念

虽然说，人与人之间的情谊，是以相互存在为条件的。对于死者来说，他一死就什么都不存在了，自然也就谈不上与他人的情谊了。但对于活着的人来说，虽然对方不存在了，但与对方生前所建立起来的情谊，却仍然深埋在心底。因此，我们说"人走茶凉"并不是我们生活的一个定律。人与人之间的感情、友谊，是不受时间、空间限制的，关键在于人与人之间是否建立起亲密的感隋、友谊。如果担心"人一走，茶就凉"，从而就不去与人交往，那就无异于担心秋后遭灾就不去种庄稼一样，这是很荒唐的事情。

4. 正面对待社交失败

社交中，让人不顺心的事很多，不会一切如意。假如你在社交中遭到过挫折和失败，便从此产生一种悲观的情绪，不愿与人交往了，那么，则是一种因噎废食的表现。当社交遇到挫折和失败的时候，一需要忍耐，二需要自我安慰，三需要自我调理，四需要寻求社交温暖、以排除心中过去社交失败之苦。这样，才不会因为一次社交失败，而给自己留下心理阴影。

5. 必须学会主动和别人交往

心理学家研究发现，有两点原因影响人们不能主动交往。一方面，是生怕自己的主动交往不会引起别人的积极响应，从而使自己陷入窘迫、尴尬的境地，伤及自己脆弱的自尊心。但在现实生活中，每一个人都有交往的需要，因此，我们主动而别人不采取响应的情况是极其少见的。试想，如果走在路上，有人主动对你打招呼，你会采取拒绝的态度吗？不会。因此，当你尝试着主动和别人打招呼、攀谈时，你会发现，人际交往是如此容易。

另一方面，人们往往对主动交往有很多误解。比如，有的人会认为"先同别人打招呼，显得自己低贱"，有的人还会认为对方一定"不怀好意"等等。其实，这是完全没有根据的误解，不过这些观念却实实在在的起着作用。因此，当你因为某种担心而不敢主动同别人交往时，最好去实践一下，用事实去证明你的担心是多余的。不断的尝试，会积累你成功的经验，增强你的自信心，使你的人际交往越来越顺畅。

摆脱自卑心理很重要

社交恐惧的诸多表现都与自卑、不自信有关。害怕上台演讲、不敢在公共场合说话、不敢正视与他们目光对峙、考试的时候过度紧张、害怕结婚等等都与人们缺乏信心有关。缺乏自信给人带来毁灭性的打击。不够自信是人们产生恐惧最直接的原因，因此无论想摆脱任何一种社交恐惧的症状，都需要克服自卑心理，增强自信心。

自卑就是自己看低自己，这可能源自不正确的比较。得出自己不如别人的结论未必以事实为参考标准。我不如人可能是一种以个人的经验和主观想法为标准得出的结论。在进行比较的时候切忌进行以偏概全和以己之短比人之长。比如，某个学生学习专业课成绩很好，但是他的体育成绩总是不尽如人意，那么绝不能因为他不擅长体育就得出他是差生的结论。人力资源部的员工陈某擅长薪酬绩效考核，王某擅长业务流程再造。如果王某和陈某比绩效考核，可能得出自己专业性不强的结论，那么他一定在这场比试中失败。如果总是用这种方式进行比较，那么自信心一定受到打击，自卑感将越来越强烈。

比较的标准应该是事实依据，而不是使用别人的标准。假设一个打字员标准的工作任务是每个小时2300字，某打字员达到了这个标准就应该算是合格了，如果他与一个每小时能打2500字的打字员相比，就会感到自己打字的速度太慢，进而产生我不如他的感觉。那些有成就的人往往成为大家比较的对象，大学毕业一年的学生和班级里收入最高的做比较，就认为自己混得太差了；40岁左右的人和同龄但已经成为领导的人比，就会认为自己的工作不好；人老了以后拿自己的子孙和别人优秀的子孙比，就会觉得自己的孩子怎么那么不争气。

这些比较都是以别人为基本参照进行的对比，实际上未必是有意义的，它只能让人感觉自己处处落了下风，紧追猛赶也追不上，因此便感到心情低落。经过这些"不公平"对比以后发现，自己和大家站在一起的时候总是陪衬，便会萌生躲避的想法。当人们谈论自己不擅长的领域时，就选择回避，免得被大家认定为最差的，那样会感到丢面子；当需要在公共场合发言的时候，就会感到自己不行、能力不强，一定会搞砸了，所以想办法尽量让自己不说话；当需要许多人竞争的时候，自卑的人首先就把自己摆在了失败的位置上，哪还有什么心思奋力一搏呢？

这些对比的结果不一定就是事实，而是对事物的看法。想要克服自卑心理，就要改变这些不正确的对比方式。首先要看到自己的优点，不要盯着自己的缺点不放，不要用缺点和别人的优点比较，不要和最优秀的那个人比较，否则就永远不能在比较中找到自己的优势，"我不如人"的想法就会一步步得到"证实"，自卑感就会越来越强。

人们因为不恰当对比的出来一些"短处"，这些"短处"产生的自卑感可以通过改变对比标准的方法来克服。如果自身真的有短处，那么这些短处不可能因为改变对比方法而消失，只能通过转移注意力的方式让它们不被关注。比如，有的人天生长得就不好，感到很多人嘲笑他，这个时候就会感到自卑。长相是人们所不能改变的，但可以改变自己的学识、气质、道德修养。当他渊博的知识征服了很多人的时候，长相丑陋就不会被认为是一件见不得人的事情了。疯狂英语的创始人在小时候就是一个自卑的小孩，他害怕和人打交道，不敢接电话，很多科目考试不及格。有一次他被医疗设备烫伤了，其实他早一点和医生护士提出医疗设备发热自己被烫到了，就不可能出现烫伤并且出现一道疤的事情了，但他害怕和人讲话，所以就默默忍受烫伤的痛苦，直到被护士发现。从我们现在所看到的疯狂的李阳身上绝对看不到自卑的影子。他改变自己的方式很简单——疯狂，他试图在各种公共场合朗读英语，大声说话让他找到了自信。他每次大声朗读英语的时候都能不在乎自己曾经各种自卑的举动。在不断地练习之后，他已经不再是一个自卑的人了，而且是一个非常自信的人。

合理对比和转移弥补能够从心理上改变对自己低下的认识。克服自卑不止是心理上过去那道不自信的坎儿，也需要从一些实际行动中建立起自信心。比如，自卑的人总是想逃避众人的目光，让自己坐在不显眼的位置上。如果有这种想法，那么就强迫自己坐在靠前的位置，让自己接受别人的注视。和人对话的时候，不要逃避目光对视，反而要正视别人。走路的时候不要表现出畏首畏尾的样子来，虽然不要求自己走路看起来多么有气势，但至少要挺胸抬头，不要让自己缩成一团。每当感到局促不安的时候，都要告诉自己"我要对自己抱有希望"。经常对自己做一些正面的提示，时刻激励自己做一个自信的人，长久以往，心里的负面想法就会不知不觉地退出去。

战胜羞怯心理，轻松潇洒地进行交往

我们生活的周围，有这样一类人，他们因容貌、身材、修养等方面的不自信而不敢与周围的人交往，逐渐产生孤僻心理，甚至开始对与人交往产生恐惧心理。他们在人际交往中感到惶恐不安，并出现脸红、出汗、心跳加快、说话结巴和手足无措等现象。社会心理学家经过跟踪调查发现，在人际交往中，那些心理状态不健康者，相对于那些健康者，往往更难获得和谐的人际关系，也无法从这种关系中获得满足和快乐。事实上，我们每个人都是社会人，都必须与人打交道，因此，如果你也内心孤僻，那么有必要调节自己的心态，大胆走出心灵的藩篱。

吴女士是我国恢复高考后的第一届大学生。用她自己的话讲，在学校学习乃至后来参加工作，学习成绩和专业技能可以说都是同龄人中的佼佼者。可是她生性胆怯，怕与陌生人打交道，开口讲话就脸红。有时不得不随单位或是丈夫参加一些社交活动，可是她总是感到非常不自在。最让她感到难过的是在年初，单位要搞处级干部竞争上岗，其中一关是"施政演说"。她没有足够的勇气和胆量，最后只好放弃。

她的专业和资历绝不比人差，然而就是这个由"胆怯、害羞"组成的自卑感拖了她的后腿！其实可以说是她的"想法"拖了她的后腿。同时，心态的不开放、想法的单一性也是造成她自卑的主要原因。要想克服胆怯、害羞的种种不良心理倾向需先改变心态，然后再进行必要的心理调试和训练。有以下几种方法。

1. 了解自己产生羞怯的原因

了解自己是战胜羞怯的前提。一个人之所以产生羞怯，是有很多原因的，有的可能天生内敛，但绝大多数还是由后天因素造成的，如小时候的家教方式，个人学习生活的经历，与同学老师交往的程度等等。对于成年人来说，更应认真剖析自己、了解自己、认识自己，找到形成自己羞怯心理障碍的原因，这样才能有意识、有针对性地加以克服。

2. 鼓起勇气，不怕失败

处于青春期的少男少女最容易感到羞怯，但是我们应该更清楚地认识到，羞怯几乎人人皆有，并非一人独有。当你在面对同学或者全校师生时的确会感到羞怯，但羞怯并不代表会失败，只要鼓足勇气，你就会迈出胜利的一步。因此，遇事要采取主动，敢于迈出第一步。这样，你就会感到羞怯并不可怕，就会在成功的交往中受到鼓舞。当你大胆地与他人交往时，便会发现原来你所面对的要比你想象的简单许多。

3. 自信一点

我们之所以在人面前羞怯，是因为不够自信。自信是人生中最为宝贵的财富，是事业成功的催化剂。在交往中，不要总是否定自己，拿别人的长处与自己的短处比，从而产生自卑心理，也不要把自己不善讲话、不愿行动的理由归咎于羞怯。要始终保持自信，相信自己的言行会给别人带来启迪和帮助。

4. 不要有选择的交往

在选择交往对象时，不要把眼光只局限于自己要好的同学和

同事身上。要将你狭小的交际圈扩大化，从而与性格、年龄等方面都不相同的人交往。如果你不能一开始就做到这点，那么就从最初的问好开始，学会与见面交谈不多的人打招呼，并养成这样一种习惯。这样，在聚会时就善于利用间隙时机与周围人攀谈，逐渐消除羞怯心理。

5. 懂得表现自己

羞怯心理严重的人在关键时刻总是不能把自己的能力充分发挥出来，因此，一定要学会在关键时刻突现自己。比如，在聚会上主动要求主持会议或节目，时常利用这些机会来表现自己。要知道，当你主动站起来的那一刻，你就已经走出交际羞怯和恐惧心理了，而那些不了解你或看不起你的人也将会为你鼓掌喝彩。

6. 练习讲话技巧

很多人之所以产生交往羞怯心理，主要是因为自己在与人交谈或在大庭广众下发言时会出现一种语言障碍。然而当一个人独自讲话或在父母面前讲话时，就不存在这种障碍，因此，这就要求我们要自己练习讲话技巧。比如，在各种场合的发言前，都应做好万全的准备，哪怕是自言自语地进行不懈的反复练习。这样一来，我们就能做到临场不惧，应付自如了，而在下一次遇到这种情况时，也就不会产生心理负担。

平时，要注意在聚会、演讲等公众场合毛遂自荐地进行发言，以锻炼自己的口头表达能力和表演才能。即使第一次、第二次失败了，也要把它当成今后成功的奠基石，这样才能渐渐地克服羞怯感。

7. 松弛自己的紧张神经

在与自己不熟悉的人交往时，也容易产生羞怯心理。因此，当你处于这种羞怯和懦弱的紧张气氛时，应尽量用玩笑或幽默来自我解脱；当你脸红时，应尽量忘却它，不要担心别人是否在意。这种情况很多人都会发生，而且很快就会消失；当你受到批评指责时，也不要心生恐惧，要理解失误在所难免。总之就像这样，在各种场合都要善于把自己的紧张情绪放松下来，这是克服羞怯心理最快速有效的办法。

8. 丰富自己的面部表情

微笑是最具魅力的面部表情，它可以缓解尴尬气氛、消除紧张情绪，更能让自己变得大胆勇敢起来。当你第一次进入陌生的社交场合时，总免不了会感到羞怯，这时，只有微笑才能拉近你与他人之间的情感距离。

微笑是通过眼神表露的，当你与他人交谈时，眼睛要尽量看着对方，表示你对对方的礼貌和注意，使对方对你产生信赖感，加速彼此间心灵沟通的进程，同时也减少了你羞怯的感觉。

羞怯心理并不是无法克服的，只有当你愿意打开心扉时，才能在交往的过程中发现有种种良好的办法来驱赶心中的羞怯和恐惧。方法从来不是固定不变的，我们要学会在自己的交际实践中不断积累，从而总结出成功的方法和技巧。

主动制造尴尬，有助于克服社交恐惧

社交恐惧者在处于尴尬的环境中时，感到非常不自然，甚至不知所措。但任何人都不能保证自己永远都不遇到尴尬的场景，所以这些场景是一定要适应的。如果生活中这样的场景不多，那么在不引起严重不良后果的前提下，不让别人感到不耐烦或者愤怒的条件下，可以故意制造一些尴尬或者不愉快的场景，在这个环境中练习克服恐惧感。但制造冲突的场景不是为了挑衅生事，而是在这样的环境中注意体会自己的心理感受，适应那些看起来不算和谐的环境。

最容易做到的是发表与别人不一致的意见。在与人讨论那些不太重要的话题时，如果不赞同某种观点，就大胆地讲出来。比如那些谈及明星、电影、运动员的话题，不一定非要迎合他人的喜好。发表不同意见的时候，不要贬低对方，只是练习把自己想说的话说出来，克服害怕因为意见不一致而与人产生不愉快的恐惧。

练习与陌生人说话，并且练习忍受沉默。在等车、排队的时候，试着与不认识的人攀谈两句，在一两个小时以内尽量多找一些人说话，这样能让自己感受与不太熟悉的人交往的一般模式。然后回到日常的生活环境中，在一些认识但不太熟悉的人中说话时，想一想自己在与陌生人交流时并没有感到不舒服，所以不要太在意冷场。要认识到与并非特别亲密的人交流和与陌生人交流有共同之处，不一定时时刻刻都处于讲话状态，没有话题可讨论的时候，保持沉默是非常正常的。

试着指出他人的缺点或者不当的行为。不过这些缺点不能让对方感到无法容忍，甚至当场就有大打出手这种反击行为的冲动。你可以对你的同事说"你应该把垃圾扔在垃圾箱里，不应该在没扔进去的时候还假装看不见"，但不要说"你工作效率太低下了"。不过对于非常亲近的人可以说："你吃饭的时候最好不要让嘴发出声响，那样太不礼貌了。"这些话产生的不好的后果不太严重，但却可能让两人之间非常平滑式的交流状态出现一些小摩擦，可以让自己适应不完全由礼貌组成，还需要容忍冲突的交流情境。

故意说错话。当然这些说错的话不能是最重要的，在公司作报告的时候故意将重要的内容说错的后果是非常严重的，领导一定感到不满。需要说错的话是那些不太重要，或者可以调节气氛的话。这样做是为了克服出丑的恐惧，在别人都讨论你说错话的时候，感受因为自己的不足而被人关注的气氛，从而让自己知道，其实出丑没什么大不了的，大家笑一笑就结束了。

到商店去退换一件本身没有问题的商品。这样做不是为了刁难售货员，而是感受即将与人发生争执的气氛。如果售货员二话没说，就非常高兴地把你购买的商品退了，那么就应该知道，实际上，所担心的别人总是喜欢故意找麻烦的事情，都是不对的。售货员明明已经欣然同意把货退了，这说明人与人之间相互包容要比相互挑剔多，害怕大家一言不合而起冲突的想法是错误的。如果售货员不想退换商品，那么就多和他磨一磨时间，要相信只要不是无理取闹，不是故意找茬，售货员是不会让保安把顾客拖走或者报警的。售货员要做的只是尽最大的可能与人周旋，每当就要被对方说动的时候，都要告诉自己迎难而上，多给自己一些感受尴尬和冲突的时间，最后的结果是不重要的，目的是为了让自己知道即使和别人争吵起来，也没什么大不了的。类似的做法还有去市场与商家讲价，并非一定要购买商品。进行这些练习的时候一定要注意不要给人添麻烦，在售货员接待大量顾客的时候，不要去打扰人家，这会让人感觉你是去"砸场子"的。总之，要把握好"度"的问题，不要让一场为了克服恐惧而制造的虚假冲突演变成真的冲突。

练习给别人添一些小麻烦，这些小麻烦一定不要产生大麻烦的后果。比如，当绿灯亮了的时候，停几秒钟再开车；在ATM机取完钱的时候多停留几秒钟，让排队的人感受到一点不耐烦。这个时候一定感受到有人在嘴上或者心理骂你"傻""笨蛋"，感受这种冲突即将发生的氛围，锻炼自己承受他人压力的能力，就会发现，自己的承受能力没有想象中的那样差。不过每次停留的时间只要几秒钟就足够了，时间太多就会演变成"假戏真做"了。

以上提到的这些做法可以练习应对尴尬场面的承受能力。不过让自己主动制造这些场景似乎是一件非常苦难的事，因为不管是谁，做以上提到的这些事都会感觉自己是个不厚道的人或者感觉自己是个粗鲁的人。每次犹豫的时候都可以告诉自己"我是在演戏"。另外，需要再次强调一点，一定要适可而止。制造这些不愉快的场景的目的是切身体会尴尬的环境也不过如此，实际上并没有什么值得畏惧的。

第八章　享受宁静：
克服孤独带来的恐惧

大部分人总是陶醉于那种打败别人的优越感，却对无孔不入的孤独无可奈何。其实，孤独感是人类与生俱来的，但并不是无法克服的。当你试着去品读孤独的时候，会发现孤独原来是一种绝美的心境，能带给你无尽的享受。

我们为什么恐惧孤独

孤独最早的含义是王者和独一无二。现在孤独逐渐成了一种无助、寂寞、没有依靠的心理状态。孤独者的心中有无奈、彷徨、挣扎，承受着巨大的折磨。每个人心中都能感到孤独，总是想要知道孤独感从哪里来，想要克服孤独感。

我今年23岁，男。我很孤独，身边几乎没有一个朋友，这让我感到恐惧。从小到大，我就是个内向的孩子，不喜欢主动与人交往，这不是因为我个性高傲，而是我很难融入群体，但其实我很渴望融入群体。

我很害羞，与人说话会脸红，小时候就这样，直到现在还是一样，尤其在和女孩子说话的时候。老实说，我从小就很自卑，这可能是因为我太追求完美了。我也知道，在现实世界，没有几件事是完美的，可是只要达不到我自己的心理渴望，我就会感到自卑，我还常常拿自己和别人比较，往往比一次，就伤心一次，看着别人的成功，自己的失败，就更加不敢与人交往了，我就变得更加孤独，也更加恐惧。

我知道自己从来就不是一个开朗的人，我也想改变自己，可是我发现自己的心伤得太多了，已经没那么容易改变了。我十分渴望友情、爱情，但这些我从来就不曾拥有过。结果，美好的爱情只能在心里虚构。纯洁的友谊也只能说说而已。年龄越大，我就越害怕这种孤独，我不想一辈子一个人吃饭，一个人看电视，一个人生活，可我从来不知道该如何安慰自己的心灵，最后只能抱怨老天不公，抱怨自己命运不好。

我知道我有很多缺点，我的自卑，我的内向、害羞、不主动、完美观。都有可能是造成我孤独的罪魁祸首，我想改掉这些缺点，我不想再陷入这种对孤独的恐惧感中，这会让我绝望，迟早有一天会杀了我……

以上是一位年轻的孤独恐惧症患者的自白。从他的自白中，能感觉到他内心深刻的孤独、无奈、恐惧、彷徨，同时也体会到他内心的挣扎和努力。他迫不及待地渴望摆脱现在的处境，渴望有人理解自己，希望找到生活的价值和意义所在。从这点我们可以看出，他内心深处虽然遭受着百般的折磨，却依然保存着强大的力量，这股力量支撑着他走到现在。

人的天性就是害怕孤独的。在亿万年以前，人类还属于动物的时候，就害怕孤独。人是一种社会性的群居动物，必然渴望与自己的同类生活在一起。即使是现在，喜欢独居的动物即使成为流浪者，它们也能生存下去，但流浪的群居的动物却不一定了。对于喜欢群居的动物，即使自然环境再好，也不愿意单独生活。即使在群体里被欺负，也不想离开群体。群体生活给了人归属感，当人们失去这种归属感的时候，就会感到孤独。

心理学家阿希针对人寻求归属感的心理做了一项实验。

他请来一人判断线段的长短。阿希给这名参加实验的志愿者先后看两幅图。

在第一幅图中，只有一条线段，在第二幅图中有三条线段，其中有一条和第一幅图中的线段一样长，另外两条线段一长一短。有5名卧底和这名志愿者共同参加实验。

看过图以后，这6人用抽签的方式决定回答的顺序。不管怎样抽签，需要真正参加实验的人总是抽到6号，其他5名卧底内部调换回答的顺序。在最初的几轮回答中，5名卧底都做出正确的回答。6号也做出了正确的回答。过了几轮以后，5名卧底开始"睁着眼睛说瞎话"，一致认为比较长的那一条和第一幅图中线段一样长。志愿者经过几番犹豫后，决定人云亦云，也认为比较长的那一条线段和第一幅图中的线段一样长。

从志愿者犹豫的行为中可以发现，实际上他知道前5个人都说错了，他对自己的判断还是比较相信的。如果他做出了不合群的回答，他会感觉到他受到了排斥，被群体抛弃了，如果这样，孤独和焦虑的情绪将一直伴随着他。为了屈从于自己的归属感，他认为回答错误也是可以接受的。人的归属感是那样强烈，以至于他可以对显而易见的问题做出错误的回答。人们压抑自己的个性，就是为了摆脱孤独，追求大家的认可。可见，害怕孤独实际上是害怕被群体抛弃。

一个人对群体的依赖从他的出生一直持续要死亡。每个重要的人生时刻，都伴随着相关的礼仪或者仪式，从洗三开始，有满月、周岁、订婚、结婚礼直至葬礼，这些礼仪或者仪式都离不开群体的参与。这无疑加强了人的归属感，让人感觉自己每个重要时刻都有人关注和参与，让人能找到自己的存在感。

从个人的成长角度来说，害怕孤独是由于分离焦虑而产生的。婴儿最早与世界的联系是通过母亲建立起来的。如果一个人在婴儿时期，与母亲的联系少，那么他很容易产生各种心理障碍。尤其是在婴儿长到8~11个月的时候，他们害怕陌生的环境，害怕陌生人，有着强烈的和母亲在一起的愿望。如果母亲不在身边，他就会产生分离焦虑。婴儿在18个月以后才知道，即使一时母亲不在他身边，也没有那么可怕，因为母亲很快就会来陪他。因此，心理学家认为，那些对孤独特别恐惧的人，可能在儿童时期与母亲的联系不够密切，感受不到充分的关爱。所以，当他们在独处的时候，分离焦虑就会涌上心头，感觉没人陪伴是一件非常可怕的事情。

与分离焦虑相对应的一个极端是自我意识没有觉醒。这些人可能在潜意识中认为自己和母亲是一体的，或者认为自己与某些人是一体的，但这种联系被隔断的时候，就会感到自己不知道去哪了。拥有自我意识往往与"独立""自由"这些词相关，但独立和自由却也在某种程度上意味着孤独。对他人过度依赖就是害怕孤独的一种表现。

恐惧孤独还有可能是其他的恐惧所引起的。怕黑、怕安静、怕面对自己的内心都有可能导致一个人害怕独处。只有当有人陪伴的情况下，黑暗、安静才可能被赶走，才能让人暂时免予正视自己的内心。所以，孤独恐惧成为了其他恐惧的衍生品。

怎样摆脱对孤独的恐惧

害怕孤独未必是一种疾病，只是一个人的心理感受。如果这种恐惧达到了极致，就可能是孤独恐惧症了。性格脆弱、精神敏感的人都容易产生过度的孤独情绪。内向、害羞、胆小、不能够独立解决精神上问题的人非常容易感受到孤独，有的时候发展为孤独恐惧症，甚至还有自杀倾向。这些人感到缺少关爱，想方设法逃避需要独处和陌生的环境。孤独恐惧症的表现有很多，例如，不敢一个人逛街、吃饭，一定要找一个人陪自己；别人说话的时候一定要插嘴，否则就会感觉自己是个透明人；一个人独处的时候感到异常焦虑，感觉生活没有了追求等。这些表现在常人身上经常出现，但不能因此判定很多人对患上了孤独恐惧症，只有对孤独的恐惧达到了极致的程度时，才能称得上是孤独恐惧症。

鲁滨逊放弃了衣食无忧的安逸生活，开始四处漂泊，最终遭遇到海难，只身流落到荒岛。在这个无人岛上，最恐惧的不是基本的生存问题，而是巨大的来自孤独的精神压力。在这个荒无人烟的与世隔绝的小岛上，鲁滨逊没有人可以说话，更毫无乐趣可言，那该是多么的寂寞。

正是在这种强大的精神压力下，鲁滨逊克服了许多常人无法想象的困难，以惊人的毅力克服了孤独，顽强地生活了 28 年。28 年中，鲁滨逊没有被孤独的恐惧压倒，而是打起精神，创造了一个属于自己的世外桃源。他开始想方设法完善自己的物质生活，终于他建造了几所住房，开辟了一大片可以种粮食的土地，豢养了一大群家畜。在物质生活得到保障以后，鲁滨逊开始试着克服孤独。

在寂寞中，鲁滨逊翻阅着手头唯一的一个与人类世界相衔接着的东西——《圣经》，慢慢地，他开始懂得孤独并不可怕，可怕的是对一切失去兴趣，对人生始终保持热忱，生活才有光亮。为了避免语言退化，他试着与一切东西说话，树叶、石头、被海水卷上岸的螃蟹，只要是东西，他都可以对着它饶有兴致地侃侃而谈。鲁滨逊鼓足勇气，勇敢面对现实，最终战胜了对孤独的恐惧。

与克服其他恐惧的思路一样，克服孤独恐惧要遵循"怕什么，见什么"的原则。恐惧孤独的人害怕独处，那就要在独处的过程中克服这种心理障碍。想象自己处在一个安静的房间内，没有任何人打扰，没有任何声音。当恐惧感袭来的时候，不要克制自己的内心，不断适应那种不舒适的情绪，直至恐惧感在爆发后逐渐消退。学会独立地生活，想要逛街的时候，克制住拉上朋友的冲动，强制自己一个人去。练习一个人去旅游，看到景区中别人都是成群结队地游览，一定想到自己是个孤家寡人，这个时候不要想着自己是个没有朋友的人，是个孤僻的人，甚至是个被抛弃的人。此时一定要忽略那些与"被抛弃"相关的想法，拿起相机请别人帮自己拍照，享受一个人的旅行，将精力集中在那些优美的景色中，而不是想着"独自来旅游的人都是怪人"。

独自一个人的时候要试着和陌生人交流，比如在公交车上给老弱病残让座位，陌生人问路时热情地指引，在公园遇到不认识的人主动与之攀谈等。做这些小事的目的是告诉自己：即使一个人，我的生活仍然是有意义的，独处并不一定意味着孤独，每天与人打交道的过程可以证明自己并不孤独。

对孤独的恐惧与不信任有关，总是担忧自己独处的时候会被人抛弃，所以培养对他人的信任感是克服孤独恐惧的方法。与人相处的时候，需要培养彼此之间的信任和依赖。多参与一些集体活动，从与人交往中认识到自己的价值，让自己发现，不孤独不仅仅是有人陪着自己，而是即使没有人陪在身边，彼此的联系也不会变淡。

要让自己认识到亲密不是人际交往的最佳模式，人与人之间的交往需要亲疏有度。科学家们用老鼠做了一个关于群居与独处的实验。在一个原本比较宽敞的笼子中，逐渐向里面投放几只老鼠。在老鼠数量不是特别多的情况下，这些老鼠们还可以和平相处。当老鼠的数量过多的时候，情况就完全不一样了。老鼠变得非常有攻击性，各个都非常疯狂，甚至还会自相残杀。从老鼠的行为中可以发现，与人过于亲密未必是一件好事，适当地保持独处才能拥有个人空间。有一个成语叫作"物极必反"，长时间与他人腻在一起，会让自己和别人都感到不舒服。

学会度过没有人陪伴的时间，有助于排解孤独感。多发展一些兴趣爱好，做自己喜欢的事可以将孤独的情绪"挤"走，自然就不害怕孤独了。要让自己有一些追求，这样就不会觉得精神世界特别空虚，孤独便不会轻易地占领我们的大脑。

运动可以"消耗"多余的孤独恐惧。人在恐惧的时候会分泌出一种激素，如果保持不动，这种激素就会被堆积起来。只有通过运动，这种激素才可能被消耗。比较有效的运动方式是收缩肌肉，所以如果孤独感袭来，应该试着多走动。

孤独感是不能完全消灭的，只能让自己适应它。孤独是一种高贵的境界，如果孤独和对孤独的恐惧没有将正常的生活扰乱，就应该学会享受孤独、学会独处。因为只有在孤独的时候，才有机会摆脱日常的喧嚣和嘈杂，才能够静下心来，有闲暇的时间好好地反思自我，认真地看清这个世界。

学会享受独处，不要让孤独成为障碍

身体的孤独从我们脱离母体的那一刻就开始了，心理的孤独从我们认识到自我那一刻就开始了。虽然每个人都有孤独的经历，但却很少体会孤独的妙处。孤独本身并没有好坏，但人们却习惯于将孤独归入到了"不好"的那一类，而孤独带给人的好处则需要不断挖掘。

美国心理学家瓦特曾在20世纪60年代做过一个实验，证明能够忍受的人比较容易成功。他给一些4岁的小孩子一颗糖果，同时告诉他们："如果你们愿意等20分钟，那么就再奖励给你们一颗糖吃。"有些小孩子抵制不住诱惑，当场就把糖吃了。有的则等 20 分钟过了以后，吃了两颗糖。这些小孩子在上初中的时候就有了明显的差别，那些坚持不了 20 分钟的孩子比较急躁、优柔寡断。那些能等待 20 分钟的小孩子则比较独立，富有耐心。几十年以后，心理学家又做了一次跟踪调查，发现那些当场就把糖吃了的小孩子在事业上表现平平，那些有耐心的孩子在事业上则比较成功。那些等待了 20 分钟的孩子忍受着更多的孤独，然而在他们成功的路上，需要忍受的孤独不知道是多少个 20 分钟。想要成功就必须耐得住寂寞，所以不要害怕孤独，要让自己认识到孤独带来的好处，并且试着享受孤独。

　　有一个年轻人总是厌烦父母的唠叨，在社会上结交狐朋狗友。父母劝他应该把心思放在正业上，不要和朋友们混日子。他却说："我有困难的时候不都是朋友在帮助我吗？你们能陪我一辈子吗？只有朋友才能让我感到不孤独。"

　　一天，孩子的姑姑从远方回来到他们家做客，父母将这件事告诉了孩子的姑姑。姑姑临走的时候，父母让孩子送姑姑回酒店。姑姑与这名年轻人一边走一边聊，年轻人几次想要回家，但看到姑姑没有停下来的意思，只得继续陪姑姑走。好不容易到了酒店以后，姑姑却说："已经到了呀！那我送你回家吧！"于是两个人又从酒店往家里赶。当到了家里的时候，姑姑没有让年轻人回去，而是说："我已经把你送回来了，你再送我一段路吧！"年轻人无奈，只得和姑姑一路同行去酒店。这一路姑姑仍然没有让年轻人回去的意思，年轻人终于忍不住说："姑姑，我们这样一直送来送去有什么意思?"这个时候,姑姑对他说:"你还知道呀!那你说说你的朋友们能陪你一辈子吗?"

此时,年轻人终于明白,能够与自己走完一生的只有自己。漫长的人生之路只能一个人独自走完,亲情、友情、爱情只能在一段时间内给我们支持,但却不能自始至终都与自己一路走下去。所以,谁都不能一辈子依靠别人,能依靠一辈子的人只有自己,享受孤独就成为人生之路必不可少的调剂。

真正会享受孤独的人是那些隐士们。他们能够忍受山中的清苦,能够忍受青灯古佛的孤寂。作为凡夫俗子,享受孤独的做法不是与世隔离,不是让自己超然世外,而是静下心来仔细地反思。

不能因为害怕孤独而将自我丧失,如果能将精神上的孤独克服,那么就会感到无比的自由。不能让自己沉浸在现代社会的社交中,整日与人虚与委蛇,找不到灵魂的支柱,这才是真正的孤独。从繁杂的环境中解脱出来时,应该好好享受孤独带来的安静,重新审视自己,不要回避自己的内心,想一想自己真实的想法到底是什么,告诉自己不要在纷乱的环境中迷失。孤独是一个重新认识自己的机会,不要逼迫自己,但也不要逃避,这个时候应该好好调整自我,想一想怎样才能让自己成熟,想一想未来的计划。孤独的时候,试着与真实的自己对话,不要让重新认知自己的机会因为无聊和寂寞而丧失。

一位作家说过:"真正的寂寞是一种深入骨髓的空虚,一种令你发狂的空虚,纵然在欢呼声中,也会感到内心的空虚、惆怅

与沮丧。因此，作为现代人，敢爱也要敢恨，能耐住生活的寂寞，也要懂得享受生活中的快乐。"

不要让孤独成为我们人生中的障碍，要学会与孤独为伍，学会独处。独处是一种心态，也是一种习惯。独处需要自己面对自己，这样才能不断地分析自己，在独处中体会人生的真谛。学会了独处，就表示我们已向成熟迈出了坚实的一步。

1. 回归自我

学会从繁杂的外部环境以及纷扰的人事关系中抽身而出，回归到自我。独处让我们能够正视自我，从而不逃避、不急躁，平和地体验与理解自我的心态。回归自我，就是要凝视自己的内心，聆听自己的声音，寻求自己的思想，袒露自己的心扉。

2. 认识自我

独处，给我们自己面对自己，认识自己，清楚自己的机会。等我们真正认识到并抓住这一机会时，就可以调整自我，尊重自我，超越自我。独处就是这样一种享受，一种境界，一种超脱，而这一切都决定人是否能够发现自己，认识自己。独处教会我们，任何人都不是我们的救星，能够拯救我们的只有自己。于是，我们开始变得强大、坚硬，并且成熟起来，我们由此更获得了韧性与力量，从而再也不怕风雨的击打和洗礼。

3. 与自己对话

当我们独处时，会倾听到自我内心的声音，会与自己进行对话。这时，心底浮起的声音就是你平日无法感知到的心声，它虽然无声无息，却能够震撼你的心灵。然后在它的引领下，你会反思人生的过去，畅想美好的未来，会时不时地叩问自己的灵魂。不要拒绝回答，当你在内心深处呐喊："我是谁？从哪里来？又要到哪里去？"请一定试着回答，以此来获得生命的信息。

一个经常独处的人，内心一定不会贫乏。他对生活的感受与体验力一定过于常人，很多人话语贫瘠，文字苍白，主要原因就在于不会独处。独处的奥秘就在于让你直逼自我，以自我审视的方式认识自己、呈现自己。这样你就不会受孤独摆布，从而迷失自我，陷入恐惧当中，因为你已经拥有了自我。

孤独是花，更是一种绝美的心境

我们每个人都常常会感到孤独，之所以孤独，是因为人生有太多的不如意的地方，有太多的失意。

生活中，常有不尽如人意的地方，或为衣食，或为住行，或为家庭中的柴米油盐，当然最主要的还是一个"钱"的问题。

工作上，我们更是挫折不断，总是不停地在前进中跌倒，在跌倒中爬起来又再前进。这期间，还要接受上司的打击以及来自生活的压力，能够爬起来算是有莫大的勇气了。

感情上，也不可能一帆风顺。许多人要遭受一次以上的失恋，这让本来沐浴在爱海中的男男女女因此形影孤单，劳燕分飞；婚姻也并不全是幸福的，当夫妻关系亮起了红灯、甚至遭遇婚外情等等，幸福便被蒙上了阴影。

于是，人们因此陷入失意、绝望，他们彷徨、迷茫，他们悲观失望，无法自拔，他们孤独，并开始承受恐惧的折磨。

孤独的确常常令我们毛骨悚然。那种无助、迷惘，那种锥心刺骨的痛与往时的风光是何等的反差，常常让我们迷失了明天的方向，失去了生活信心，没有了前进的动力。人们渴望那种春风得意，渴望一帆风顺，渴望那种天荒地老，那种执子之手，与之偕老的生活。而眼前的失败太令人难以接受了，所以人们不愿意去面对失败，不愿意去接受现实。孤独来了，人们选择了逃避，强装若无其事，不敢面对，因为害怕孤独所以不敢接受现实。

孤独是一种如释重负。在现实的生活中，我们注定要面对形形色色的人，各式各样的事，有让人高兴的，也有让人失意的。繁琐之余，我们需要拿出一些时间来静静思考。比如，等夜深人静之时，将自己一个人关在书房中，泡一杯茶，就这样静静地一个人享受孤独，任由思想四处翱翔，品味一下繁琐中的成败得失。然后，让平静的心情告诉自己，明天该如何朝着阳光向前迈进。

对于孤独，不应该是恐惧的，而应该是享受的。只有那些拥有孤独的人，才会拥有真正的自我。拥有孤独，才会有意想不到的灵感和思维，才会有意想不到的收获。

赫胥黎说："越伟大、越有独创精神的人越喜欢孤独。"有的人因为过于完美，或过于智慧，或过于纯粹而孤独；有人因处处受挫，丧失自己朝夕相处的朋友、伴侣、宠物而孤独；有的人拥有远大的理想却不得施展而感到孤独。

正所谓"高处不胜寒"，每一个处在高处的人，都是在人生的漩涡中耐得住寂寞和孤独的人。刘勰终生与大自然为伴，这种孤独成就了中国文艺理论的先河——《文心雕龙》。齐白石说："画者，寂寞之道。"他十载关门，研究画法，声言"饿死京华，公等勿怜"，最终成就了一番事业。23岁就获得哲学硕士学位的黑格尔，躲在偏僻的伯尔尼当了6年家庭教师，在孤独中摘抄了大量卡片，写了大量的笔记，最终成为德国古典哲学集大成的伟大理想家和美学家。

在很多人的观念里，认为孤独就是没有人陪伴，没有找到知心朋友，而这无疑是一种难以忍受的情感，是一种感到自己情感无法沟通，孤立无援的心理感受。其实，是否孤独并不是由人数的多少来决定的。一个独居深山的人未必就是孤独的，一个身居闹市的人也未必就不是孤独的。

在那些上进心强的人眼里，他们在生活中努力拼搏，忙得不亦乐乎，哪里还有孤独可言；一个碌碌无为的人，除了孤独一无所有。难怪狄德罗会说："忍受孤独或者比忍受贫困需要更大的毅力，贫困不过是降低人的身价，但是孤独就会败坏人的性格。"

如果把人生比作是一次旅行，那么孤独就是一杯冰水，在凉爽与清冷之间放射出自己的纯洁，没有任何的杂质，也没有污染，是一种清静幽雅的美。孤独的时候，没有了喧闹的杂乱，没有人来打扰你的思绪，也不会因冲动而留下遗憾和后悔；处在孤独中能让我们平和，让我们冷静，让我们思考，让我们稳重，让我们耐心，让我们有着一种超越世俗之感，让我们懂得聆听心语，让我们感受这不易察觉的美。这时候，我们大可以做一些自己喜欢做的事情，比如轻吟一首诗，欣赏一篇名人佳作，与小说中的人物共同经历悲悲喜喜，聆听一些古典音乐，陶冶自己的情操，也可以实践探索，总结生活中的一点一滴……独处中，你有这么许多的事情可以做，又谈何孤独呢？

所以，孤独并不可怕，关键在于如何对待孤独。那么，我们该怎样正确对待孤独呢？

1. 把孤独当成一朵绝美的花

玫瑰之所以格外芬芳和艳丽，是因为它浑身长满了保护自己的刺。孤独也是如此，它就像一颗外皮苦涩果肉甘甜的果实，为了躲避大多数人的惊扰，而选择了苦涩作为伪装。能够看到藏于孤独深处的内在美丽的，必然能够享受其中的美好；而那些只能看到孤独苦涩的外表的，就可能选择了敬而远之。

正如科学家巴斯德说："告诉你我达到目标的奥秘——坚持孤独精神。"可是如果你把孤独当作无聊的乞丐加以打发时，你便更感寂寞。正如诗人所言"自卑的孤独者是世界上最可怜的人"。

2. 享受孤独

享受孤独的方式有很多种，你可以去从事自己最擅长且能激发所有兴趣的活动，比如旅游、爬山、打球、交友、探亲等；你还可以全身心忘我地投入到工作或活动中；或者，你选择走出孤独，如读一本好书，思考一下人生哲理。孤独的你，才能找到属于自我的空间和时间，想一想自己的今天和未来。孤独让你学会静心修养，懂得谋定而后动才是一种成熟的表现。

孤独如果无法回避，就不如享受一番。人生在世，谁也难免孤独，与其在孤独中无趣地打发时光，不如在孤独中把生活调节得有滋有味，以便品味一份属于自己的宁静，思索一下人生的真谛。

3. 在孤独中创造

孤独的最高境界就是在孤独中创造。多一份孤独的快乐，少一份无谓的浪费，在孤独中拥有了自己的一切，你会觉得自己一点也不孤独。于是，你就会明白，能够真正拥有孤独的人是世界上最幸福的人。

孤独能让一个人脆弱，也可以让人坚强，它可以毁灭一个人，也可以造就一个人。只有那些耐得住孤独的人，才能把孤独当作一种考验和挑战，从而顽强地与人生的困苦抗争，默默地创造，最终有所建树。

战胜恐惧，在孤独寂寞中重生

孤独感是一种封闭心理的反应，是感到自身和外界隔绝或受到外界排斥所产生出来的孤伶苦闷的情感。孤独感的产生并不局限于人际交往方面，当一个人不能按照自己的意愿或计划行事时，就会感到孤独；当一个人耽于梦想，而又不可能实现时，同样会产生孤独；当人们和骨肉亲人分离或经历亲人死亡的打击时，依然会感到孤独；当然，当人们被排斥于集体之外时也会感到孤独；当人们有难言之隐却无法诉说，或被他人嘲笑、轻视，不能与人融洽相处，觉得没有人能理解自己时，孤独感就油然而生。

每个人在一生中都或多或少地体验到孤独感，但并不是每个人最终都陷入孤独的恐惧感中，相反有些人就能够借助孤独而获得重生。

勾践兵败亡国后，该是多么孤独与寂寞，这是常人难以忍受的。然而，他平静地接受了那份空前的孤独，他忍辱负重到吴国做仆人，甚至亲自试尝夫差的粪便。当经历无数次寂寞孤独的煎熬后，他终于励精图治、东山再起，一举打败了吴国，取得了胜利。

与张仪齐名的纵横家苏秦从师鬼谷子，学成之后，出游数载，仍然没有一点儿成就。回到家里，"妻不下纴，嫂不为炊，父母不为言"，连自己最亲的人都看不起他，可想他内心是多么孤独和寂寞。然而，他学会了忍受孤独，他闭门不出，发愤苦读，终于有一天，游说各国，实现了自己的政治抱负。

不管是受辱的帝王，还是贫寒的学子、失意的文人，他们都知道如何在逆境中化解孤独，排遣寂寞，并最终成为不同领域的佼佼者。孤独对于他们来说，不是恐惧的根源，而是一壶烈酒，让他们顿生打虎之志。但是，如果不能克服孤独，那么孤独同样也可以让你迷失在醉生梦死里。

鲁迅说过："不在沉默中爆发，就在沉默中灭亡。"孤独也是如此，不在孤独中爆发，就在孤独中沉寂。人生是五颜六色的，有白天的光明，也有夜晚的黑暗，更有花红柳绿、翠鸟黄莺。只要你用心去看，人生就是五彩斑斓的画卷，而孤独只不过是人生画卷的一种颜料，懂得运用的，就能将这笔色彩渲染得淋漓尽致。

纳尔逊·曼德拉于 1918 年 7 月 18 日出生于南非一个大酋长家庭，先后获南非大学文学士和律师资格。曼德拉自幼性格刚强，崇拜民族英雄。他是家中长子且被指定为酋长继承人，但他表示"绝不愿以酋长身份统治一个受压迫的部族"，而走上了追求民族解放的道路。1961 年 6 月曼德拉创建"非国大"军事组织"民族之矛"，任总司令。1962 年 8 月，曼德拉被捕入狱，当时他年仅 43 岁，前南非政府以政治煽动和非法越境罪判处他 5 年监禁。1964 年 6 月，他又被指控犯有颠覆罪而改判无期，从此开始了漫漫"自由路"，在狱中长达 27 个春秋。

曼德拉被囚禁在好望角外烟波浩渺的大西洋上，身高 1.85 米的他，生活的牢狱仅有 4 平方米，没有床也没有桌椅，只有一席草垫。每天早 7 点到下午 4 点，曼德拉与其他囚犯一起挖土修路、开采石灰岩、捞取海带，伴随着这一切的是鞭打、凌辱。就在这样的孤独中，曼德拉每天还要三点半就起床，先锻炼两个小时，继而开始学习。

即使在狱中，曼德拉也仍然是全球的焦点，他的号召力和影响力遍及全世界。从 1981 年开始，全世界各地的人民开始联名上书，要求释放曼德拉。一时间，曼德拉被称为了"全球总统"。随着反种族主义斗争的蓬勃发展，要求释放这位黑人领袖的呼声也越来越高涨。南非政府慑于群众的压力，几次表示要释放曼德拉，但当局总是提出种种苛刻条件，都遭到了曼德拉的拒绝。曼德拉对此做出响应："只要南非人民还没有自由，我也绝不接受任何自由"。

1990 年曼德拉获释，当时他已是 72 岁高龄的老人了。出狱才半个月曼德拉来到黑人暴力冲突最严重的德班。他呼吁"把武器扔到海里去，而不是把白人扔到海里去"。加强团结，实现和平。他动情地说："当我们一起站在一个新南非的入口处时，兄弟之间复仇残杀，使每一个家庭都失去了亲爱的人。在我被囚禁的最后几年里，我最大的心病、最深的痛苦是听到人民中间发生的这种可怕的事情。在你们遭受痛苦的时候，我的职责是提醒你们不要忘记今天所负的责任。如果我们不停止这场冲突，我们将有毁掉我们斗争成果的巨大危险。我们将使全国的和平进程面临危险。"

27 年寂寞的铁窗岁月，成就了一代伟人。曼德拉用自己的经历，向世人证实了一个真理：孤独是铺就成功之路的基石。

有孤独感并不可怕，但是这种心理得不到恰当的疏导或解脱而发展成习惯，就会变得性情孤僻古怪，严重的甚至有可能会变成孤独症，这就需要心理医生的治疗了。

心有多大，你的成就就有多大。我们赞美那些忍受寂寞最终成就一番伟业的人们，但我们更需要的是学习他们那种不与喧嚣为伍，独安一隅，努力拼搏的精神。孤独是我们人生中的梦魇，只有你敢于面对了，你才能清醒地面对未来，才能在寂寞中获得新生。

第九章　沉着对应：
克服工作中的恐惧

❧━━━━━━━━❧······❧━━━━━━━━❧

　　工作是生活的一部分，为什么许多人在工作学习中会感觉到事事不如意？内心总是充满无力感，心理学发现，其实这主要来源于内心悲观的思想框架，所以要想克服工作中的恐惧，必须让自己的内心强大起来，才能在工作中有所收获，达到自己想要状态。

出现就业恐惧，要沉着应对

就业恐惧主要是指大学生毕业时对找工作的恐惧。这是一种轻微的心理障碍，只要调节得当，很快就能恢复常态。大学生在对就业感到恐惧的时候主要有这三种表现：

一是逃避，基本上采用延迟就业的方针，将出国、考研作为毕业后的出路，希望能让就业的时间晚一点，多给自己一点喘息的时间。有的女生选择做全职太太，因此网络上有"毕婚族"一词。

二是紧张不安，这些学生没有推迟就业的想法，已经意识到"长痛不如短痛"的道理，但是在短痛面前并没有表现得大无畏。他们强迫自己去招聘市场，但是手里拿着简历不敢投，如果遇到不需要现场面试的可能就尝试投递了，但如果招聘主管想要聊一聊，他就退缩了。看到招聘信息后，不敢向招聘单位的工作人员询问，唯恐给人留下不好的印象。在几经犹豫之下，选择了网上投简历的方式，不过在收到面试通知的时候，又退缩了，开始考虑这个工作机会是否划算，实际上他就是想要逃避面试。

三是消极抵制，这些人排除了考研、出国的出路，但对去招聘市场一点也不积极，感到人生无望，因此情绪低落，以"过一天是一天"的态度生活。

就业恐惧的原因既来自于环境因素，也来自于求职者个人。环境因素主要包括：严峻的就业形势、不断升高的失业率、用人单位的要求越来越高、父母的期望过高、学校没有做好就业指导、社会对某些职业有偏见或者过于钟爱等。

来自求职者个人的因素才是就业恐惧的根本原因。缺乏社会经验所占的比重最大，很多学生在学校期间并没有积极参加实习，没有让自己在学校期间就融入到社会中去，当就业的压力袭来的时候就会感到恐慌。一方面他们缺乏实际的工作经验，另一方面由于在校期间将精力集中在学习上或其他原因，对各种职业的了解太少，以至于当他们需要找工作的时候，对自己想要做什么工作、适合做什么工作、对某一种工作有哪些要求还一无所知，只能凭着感觉和个人制定的没有经过深思熟虑的原则探索。他们由于对就业的准备不充分，感到茫然和不知所措，或者虽然看起来在忙碌，但却不见效果。很多毕业生的心理状态没有调整好，他们可能对自己的认识不全面，对工作要求不确定，有的时候过于功利，有的时候对自己定位过高，所以很难找到令自己满意的工作，因此感到非常无助。实际上问题并没有出在工作职位方面，而是毕业生没有摆正自己的心态，仍然为不符实际的目标而苦苦挣扎。

有的毕业生可能因为就业恐惧而出现各种身体不适，比如胸闷气短、四肢无力、头晕乏力、食欲下降、精神不济等。就业恐惧摧毁人的意志，让人在面对就业压力的时候无所适从，时常感到焦躁不安，但又想不出一个合适的找工作的思路。

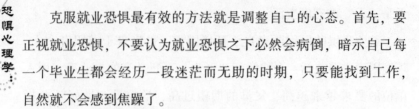

克服就业恐惧最有效的方法就是调整自己的心态。首先，要正视就业恐惧，不要认为就业恐惧之下必然会病倒，暗示自己每一个毕业生都会经历一段迷茫而无助的时期，只要能找到工作，自然就不会感到焦躁了。

其次，要调整自己的职业期望，先就业再择业。由于社会经验不足，很多学生在刚开始找工作的时候提的要求都比较高，经过几次打击以后，就会不断降低自己的底线。长时间找不到工作后，人的意志力和耐心都被消磨了，对工作的要求要远远低于刚开始找工作的时候。其实，在寻找第一份工作的时候，就应该做好规划，放弃那些不切实际的想法，客观地认识自己，制定合理的目标。如果因为在大学期间缺乏实践经验或者对各行业、各职位的了解过少而在找工作中受挫，那么暂时不要责怪自己大学期间没有做好准备，也不要将悔恨的想法无限扩大。目前能做的只有暂时开始一份工作，哪怕这份工作不令自己十分满意，那么也要通过这个工作机会积累工作经验。一般来说，进入社会以后对社会的了解要比在学校期间的了解更为深刻，所以不要推迟自己认识社会的开始时间。开始的时间越晚，损失就越大。当在找工作后期感到颓废和绝望的时候，不要妄自菲薄，不要将"就业难"当作"啃老"的理由。事实上，只要人们开始做一件事情的时候，焦虑感就会降低；在人们闲下来没有工作可做的时候，不安的情绪最为强烈。

作为毕业生，一定要具有很高的抗压能力。学校带给学生的压力要远比社会带给学生的压力小，如果连进入社会的第一场压力都不能承受，怎样承受工作中的压力？平时多进行一些体育锻炼，多读书开阔视野，对工作的认识多了，抗压能力自然就提升了。另外，如果对前途感到无望，可以看一些成功人士的传记，因为成功认识曾经面临的环境更为恶劣，但他们却能够忍受孤独、承受压力，寻找适合自己的道路，有时候励志故事是振奋精神的兴奋剂。

当就业恐惧感折磨人的精神时，就需要使用一定的方法排解了。找一个安静环境静下心来开始想象。第一个场景是花费了大量的经历但仍然没有找到满意工作的场景，每天为参加招聘会和面试而奔波，第二个场景是找到了一份工作，但这份工作却不尽如人意。当想象这两个场景的时候，就会进入恐惧的状态，当恐惧感上升到极致的时候，它反而下降了。这个时候焦躁不安的感觉就会下降，想着暂时开始一份工作也是一种必然的选择，于是开始接受一份大体上能够令人满意的工作。需要指出的是，如果完全没有就业恐惧感，那才是最恐怖的事情，可能因为习惯了没有工作的日子，反而对找工作就不那么热衷了，这会影响工作的积极性。所以，如果有适度的就业恐惧，这种恐惧并没有特别夸张，那就不要将它看得特别严重，因为微量的恐惧也是一种催人上进的力量。

面试是一个过程，不是遭遇刑罚

面试几乎是找工作中最艰难的一步，每一位求职者都要经历面试这一环节才能开始新的职业生涯。因为面试是求职者与用人单位第一次的面对面交流，因此能否顺利通过面试，决定求职者是否可以获得一份工作，甚至还影响到求职者在这一企业以后的职业发展。所以，求职者对面试都有一定的紧张、期待、恐惧心理。如果这种恐惧和焦虑成为一种不理性的、盲目的心理感受，求职者在面试中就会发挥失常。

面试恐惧的表现非常明显，有位求职者这样描述他在面试期间的感受：

我所应聘的这个岗位竞争非常激烈，当我进入面试等候间的时候，已经有十几个人在等着了。我看到别人一副信心满满的样子，心里就开始打退堂鼓了，觉得自己今天一定是走过场来了。

当我看到别的求职者信心满满地进入面试办公室，无精打采地出来以后，感觉自己一定没戏了，因为多优秀的人才都被淘汰了，我这个水平一般般的人该怎么办。

轮到我面试的时候，紧张得话都说不全，心都提到嗓子眼上了，全身的血都流到脸上了，我的腿不受控制地开始发抖。至于考官问了我什么，我都没有听明白，只是凭自己的感觉乱说一气。当我看到考官不赞赏的眼光时，额头上都是细密的汗珠。接下来的回答更是语无伦次……有了这次面试经历以后，我对找到一份好工作已经没有信心了，在以后的面试中经常出错，有的时候甚至连面试的时间都记不清……

让求职者在面试中恐惧的第一个原因是陌生的环境，当人处于自己不熟悉的环境时，很容易因为缺乏安全感而感觉到紧张、恐惧。因为周围的环境中存在着自己不能预料到的因素，所以求职者在生理和心理上感觉到不适应。

可见，在面试前保持平和的心态需要提前熟悉陌生的环境。为了在面试过程中不出现恐慌的心理，可以提前到达面试地点，这样就有足够的时间平复惶恐的心理，以平和的心态开始面试。不过也不能提前太长时间到达面试地点，否则很容易在面试地点寻找到更多的让人不安的因素，让恐慌的情绪更严重。

缺乏与人交往的经验让求职者在面试中不知所措。面试经验不足甚至在公共场合说话的经验不足，都会让求职者对面试产生期待和恐惧的心理。因此，积累与人交往的经验对于克服面试恐惧心理尤为重要。为了习惯于他人的注视，应该创造在公共场合说话的机会。可以在公园里大声阅读文章，经过若干次练习以后，就能适应被人盯着看的感觉，在面对一群面试官的时候就不再害怕了。在投递简历的时候应该广撒网，对于自己期望的工作应该打起精神准备面试，如果遇到不是自己期望而又没有被录取的工作，就当作是一次练习。每经过一次面试后都应该及时总结，从那些没有成功的面试中可以了解用人单位在招聘时的心理，而失败的经验也是认识和了解自己的材料，这些都能让求职者对自己和招聘双方有更深入的了解，有助于求职者克服面试恐惧。在面试失败以后需要将自己的各种担忧记下来，理性地分析出这些担忧都是不必要的，从而摆脱各种无关紧要的恐惧感。

求职者习惯于将面试官定位成"高高在上""目中无人""严肃""苛刻"的形象。这种想法对求职者非常不利，它使得求职者在面试中处于心理上的劣势地位，不敢和面试官对视，只能被动地回答问题。这种想法实际上在"丑化"考官。为了在面试中不在心理上处于被动地位，最好将考官想象得和蔼亲切一些，这样才能保持轻松的心情进行面试。

求职者在"提升"考官形象的同时，也在贬低自我形象，潜意识地认为自己注定要失败。这种缺乏自信的表现然让求职者走上不自信的道路上。为了摆脱面试中的恐惧，一定要暗示自己可以胜任这个工作岗位，多想一想自己的优点，不要纠结于自己与这个岗位不匹配的地方。

对就业形势的忧虑让很多求职者不能摆正自己和招聘单位之间的位置。这些求职者总是认为"工作不好找，有一个单位要我就不错了"，这种不平等的定位让求职者在面试中表现得非常紧张，就怕自己找不到工作。实际上，求职者应该改变这种不正确的想法，企业在挑选人才，求职者也在挑选企业，双方都在挑选，不存在谁比谁低一等的问题。要相信自己能为企业带来利益，企业并没有自己想象得那样可望而不可即。求职者要相信在求职中自己也有选择的权力，而不是等待着被人挑选，这样才能平等与企业对话。

求职者因为害怕自己在面试中表现不好，可能是经常看各种面试经的缘故。面试经总结了面试中经常出现的问题，并且给出了应对方法，能让求职者学到一些经验。但是过于依赖面试经也未必能在面试中发挥好，因为看了面试经以后，可能会在面试中过于谨小慎微，反而表现得不自然，更加加剧各种担忧。所以说，为了将自己自信、自然的一面表现出来，不能将面试经视为万能宝典，更不能照搬面试经上的做法。

当面试恐惧的情绪非常严重时，可以采用"想象"的方法缓解紧张的情绪。首先，按照焦虑和痛苦的程度，将面试中感到恐惧的场景按照从小到大的顺序排列起来。例如，回答问题磕巴<瑟瑟发抖<答错问题<考官发怒。然后开始想象恐惧程度最低的面试场景，例如想象磕巴的场景，大脑一片空白，心里知道怎样说，但就是说不好，就要茶壶里煮饺子，有嘴倒不出，用了很长时间也没有把一句话说完整等。想象的场景越逼真越好，此时心里会感到焦虑，身体感觉不舒服。当身体或者心理感觉到不适时，就暗示自己"不要慌"、"不害怕"，同时放松肌肉，并且进行深呼吸。接下来再次想象这个场景，直至紧张不安的情绪消失为止。在克服了第一个场景的恐惧感后，开始想象第二个场景，直至将所有场景的恐惧感都能克服。经过若干次训练，一些面试中的场景就不会让人感觉到紧张。

由于求职竞争越来越激烈，招聘企业选人的标准也随之越来越高。所以，企业经常使用一些比较有难度的面试招聘人才，那些能力一般或者不够自信的人很容易在面试初选中被淘汰，因此面试恐惧感因为这些难度较大的面试而产生。想要摆脱对这些高难度面试的恐惧心理，只能用多学习多积累的方法。当自己的知识和经验非常丰富的时候，自然在面试中侃侃而谈，表现得得心应手，因此不再害怕这些有难度的面试。

面试中的自我调节有利于舒缓情绪。例如，着装正式一些、说话的声音大一些、走路时有气势一些，都让人感觉到自信。在开场时，与考官进行轻松的交谈，能够疏导紧张的情绪，让面试场景不显得过于尴尬。此外，深呼吸、体育锻炼、发泄交流等方式都能提高人们抵抗不良情绪的身体和心理素质。

失业了，没必要惊慌失措

失业恐惧是一种害怕没有工作的恐惧，一般是指害怕失去现有工作的恐惧，但有的时候也包括处于失业状态的人担心找不到工作的恐惧。因为害怕失业，有的人知道自己现在所做的工作不能令自己满意，甚至让自己感觉到不愉快，但仍然选择了坚持。失业恐惧这种心理在工作者中普遍存在，深圳的一项调查表明，有67%的深圳人害怕失业，即使是那些工作比较稳定的人士，仍有14%的人害怕失业。失业恐惧对人的心态影响也比较大，美国的一项调查显示，在一群患有失业综合征的人中，有71%的人在找到新的工作后仍然没有完全摆脱失业带来的负面心理。

当人们的工作进行得比较顺利的时候，失业恐惧感可能没有或者非常小，因为人们感觉到失业在现阶段还不能对自己构成威胁，但当一些影响工作的重要事情发生时，人们的失业恐惧感就会涌上心头。例如，如果单位进行一次考核或者晋升，人们就会突然感觉到有压力；当经济不景气的时候，人们会感觉企业将要裁员，失业恐惧的情绪就比较强烈；当公司面临着被兼并收购的威胁时，失业恐惧感也比较强。对于个人而言，如果目前的工作进展不顺，或者被安排了一份在自己能力之外或者不太擅长的工作时，也会因为想到失业而感到惶恐。

就业关系到人的生存问题，所以一旦人们感觉到失业距离自己并不遥远的时候，身体上和心理上就会出现各种各样的不适，甚至做出十分不明智的事情。人的身体会因为长期处于焦虑状态而出现不健康的症状，例如睡眠障碍、胸闷气短、食欲不振等。当人们出于担心自己将要失业的恐慌中，心里有一种大难临头的感觉，经常想着自己可能被辞退或者可能留下来的各种理由，感觉到恐慌，逃避失业的可能，意志消沉、精神疲惫是大多数人的表现。一些极端的做法是用喝酒的方式麻痹自己，甚至求佛求神祈求保佑。对于那些在企业中占有重要地位的白领来说，失业还可能让他们对自己价值的认识变得混乱，想不清楚"我有什么用"这样的问题。

想要克服失业恐惧心理，一是要调节心态；二是要做好失业后再就业的准备。

如果发现公司有裁员的打算，就要思考被辞退的概率了。如果被辞退的概率没那么大，就不需要杞人忧天；如果发现自己属于极有可能被裁掉的人员，就要做好失业的准备了。在思考自己是否适合现在的工作的同时，也要想一想是不是到了换工作的时候了。对失业的恐惧不能深藏在心里，应该告诉亲人朋友，一方面可以将压抑和不安的情绪发泄出去；另一方面亲朋好友可能有比较好的工作机会。虽然工作是维持生存的方法，但为了不处于失业无工作状态而随意地开始一份新的工作，是一种对自己不负责任的行为。

不自信和悲观严重影响每个企业职员的职业发展。有的员工对自己的评价非常低，甚至说出："只要公司不赶我走，我就会一直留下来，即使不涨工资不升职也没关系。我知道我什么都不会，离开了这个公司可能就没有别的公司要我了。所以我最害怕的事情就是公司辞退我，如果发生了那样的事，我就真的不知道该怎么办了。"害怕辞职或者被辞退后找不到工作也属于失业恐惧的范围。

这样的员工未必面临着失业的压力，但是如果抱着"害怕自己再也找不到工作的想法"，当失业真的来临的时候，可能就真的出现手足无措的局面。对于每一个身在职场的员工来说，对自己的能力要自信，要相信自己是有价值的，尊重自己的劳动成果。如果让"我一无是处"的想法在工作和求职中占有主要地位，显然是没有一点好处的。

应对失业恐惧时，需要多注入一些正能量。进行适量的体育运动，阅读著名人物的传记，看一些创业者的访谈等，都能让人感受到积极的、正面的思想，让人摆脱失业的压抑感，以饱满的精神状态应对各种挑战。

失业恐惧虽然在大部分时候都让人感觉到不安，让人带着负面的心情生活，但这种不安却有一种好处：督促人们努力地做好现在该做的事，这样才能避免被辞退。不论是否有失业危机逼近，都应该做好自己的本职工作，甚至多做一些其他工作提高自己的技能。"但行好事，莫问前程"既是一种工作态度，也是一种应对失业危机的想法。企业不会轻易开除平时恪尽职守的员工。如果寻找新工作已经成为一件亟不可待的事情了，那么拥有多种工作技能也是一种优势。

当失业已经成为一种必然的时候，那就一定需要坦然地接受它。不管心情如何低落或者情绪如何萎靡，都不是解决问题的方法。在坦然接受现实后就需要让积极乐观的情绪主导自己的身心，乐观的心态几乎可以应对所有的恐惧。曾经有人问唐骏："如果这家公司不让你做总裁了，你要怎么办？"唐骏的回答是："那就到别的公司做总裁。"虽然每个普通的员工未必有随时换个公司都能做总裁的能力，但是这种精神是所有人都可以学习的。即使失业了，那也没什么大不了的，重新找一份工作就可以了。

失业是忙碌中难得的一段空白时间，上班族每天都要过忙碌的生活，暂时不用工作的这段时间可以让我们做平时想做但却没时间做的事。例如，重新思考人生规划、和家人出游等。如果经济条件允许，利用不工作的这段时间静下心来思考一些问题，也是一件非常有意义的事。

相信自己，有胜任演讲的能力

20 世纪 80 年代，美国曾经做过一项"你最怕什么"的调查，结果非常让人意外，"演讲恐惧"超过"死亡"，排在了第一位。那个时候几乎没有从不恐惧的演讲者，只是有的人能够很好地控制自己的恐惧感。在演讲中，影响人恐惧心理的因素非常多，包括：听众的人数、观点，演讲的场合，演讲者准备得是否充分，演讲者的身体状况等。

大部分演讲恐惧感是演讲者自己心中不正确的想法造成的，比如不自信、对演讲的排斥感、强烈的完美主义倾向和控制欲等。克服演讲恐惧有两种思路：一是改变错误的认识，形成有利于演讲的心态；二是掌握必需的演讲技巧。

演讲者要掌握自己的恐惧感，把自己的恐惧感看作是一种正常的心理，不要试图消灭它。在演讲中从不感到恐惧的人，绝对从来没有想过听众怎样看待他，也不可能对自己所说的话负责。适度的恐惧能让即将上台的人感觉到精神活跃，让身体更富有活力。

很多演讲者都没有正确看待自己的角色和自己与听众的关系。最直接的表现就是对自己的关注过多，对观众和演讲内容的关注太少，他们纠结于一些不必要的问题，例如，刚才的那个字是不是发错音了？我的手有没有抖啊？我怎么感觉自己忘记了一段台词呢？我的心跳怎么这么快啊？实际上即使演讲者忘记了某段台词，或者某个字发音有误，听众也未必能发现。演讲者之所以想这些是因为他们想给听众留下一个好印象，于是感到非常紧张，越是紧张恐惧感就越强烈，出错的机会就越多。但是如果从听众的角度考虑，思考这些"台下的人怎么看待我"这个问题就显得不是很有意义了。

带着这种负担进行演讲，让人感到焦虑，其结果就是在演讲中发挥失常。演讲者要将注意力从自己身上移开，放松自己的身体和思想，从观众的角度思考问题。一般来说，演讲者要在演讲的内容上下功夫吸引听众，才能得到听众的认可和支持。当注意力集中在听众身上时，演讲者会感到自己终于从牢笼中解脱出来了，在接下来的表达中会感觉到更加流畅和自然。演讲的对象是听众，因此抓住听众的想法才是演讲成功的根本。演讲者需要思考的问题是，听众想要听到什么内容？可能对哪些内容不认同或者不理解？听众不满演讲者的原因是什么？总之，只有从听众的角度思考问题，才能找到演讲者应该扮演的角色，因此过度关注自己而产生的恐惧感也会随之消失。

演讲者经常犯的一个错误是，将自己置于被听众"审判"的地位。这种想法让自己在心理上落了下风，在表达中就不能展现出自己信心满满的一面。正确的做法是养成上位者的心态，将自己看成是一个居高临下的人。从生活中的经验可以发现，领导者对下属训话、老师教育学生、家长教育子女时，绝对没有紧张不安的情绪，因为这些人在说话时处于上风，有一定的"优越感"。卡耐基先生曾经用"神气的债主"形容演讲者应该有的心态，他认为：把自己想象成一个神气的债主，台下的听众都欠你的钱，正在祈求你宽限他们几天还钱，富有的你怎么可能害怕他们！带着这样的心态上台，能够帮助演讲者放弃"受审"的心理，拾起自信心。

林肯曾经说过："我相信，如果没有可以说的内容，不管这个人有么多丰富的经验，不管这个人多么老练，都说不出任何内容。"这句话强调了充分准备的重要性。演讲者应该以听众的需求为依据，准备符合观众需要的演讲稿。为了以防万一，还要准备好备用的台词，以防忘记了某一段内容时可以及时补救。另外还要练习演讲的速度，保证在规定的时间内将自己要说的话说完。如果在台上能自然地将演讲稿背下来最好，如果不能做到这一点，可能还需要准备提示卡。

演讲者的恐惧感与他们消极的自我暗示有关，有的人总是想着自己可能忘记稿子，害怕在台上磕磕巴巴，害怕自己做出扭扭捏捏的动作，这些想法都会让演讲者自我否定。演讲者需要做一些积极的自我暗示，在心中默念：我不可能出错，我一定能完整地将稿子背下来，我一定可以神采奕奕地登台，观众一定对我的表现非常满意。这些话能够鼓励自己，让演讲者更加自信地面对观众。

当演讲者克服了心理障碍以后，需要掌握一定的演讲技巧才能最终战胜恐惧心理。这些演讲技巧的目的是转移演讲者的不自信，给听众一种演讲者非常自信的感觉。

1. 不要说不自信的词语

在准备演讲词或者实际上台演说时，一定不要说嗯、啊、然后、完了、是、就是等不自信的字句，这些词语用在日常交际中有舒缓语气的作用，但用在演讲词中就显得过于随意了，给听众以演讲者准备不足因而不自信的感觉。由于这些词语在生活中经常不自觉地使用，演讲者可能根本察觉不到是不是说出来了，所以在事先练习的时候要请朋友帮忙指出来，最好在上台前改正这些毛病。

2. 正确地使用肢体语言会给人留下好印象

站直身体给人以自信满满的感觉；在演讲的时候，尽量使手掌向上，显得自己比较开放；不要将手插在口袋里或者抱在胸前，这样显得演讲者在自我保护，对听众采取防备的态度。在演讲中，眼神交流是非常重要的。不过对于有的人来说，盯着对方的眼睛看可能让自己更加紧张，那么可以选择看那些比较友善的面孔。如果看友善的面孔也让人感觉有压力，那就看听众的鼻尖和头顶，这和目光交流的效果差不多。

3. 调节因恐惧出现的身体反应

使用一些放松练习的方法，能够减少演讲者恐惧时出现的各种身体反应。例如，深呼吸可以让人获得充足的氧气，让声音少打颤。肌肉均衡运动能减少身体晃动，让人看起来更加稳重。一般的做法有：攥紧拳头——松开拳头循环、压腿等。

4. 上台前多次练习可以让人提前感受演讲的氛围

最开始可以选择对着镜子、墙壁背诵演讲稿，熟练以后可以在家人、朋友、同事面前练习自然地将稿子"讲"出来，而不是生硬地背下来。进行这些练习时需要大声地将稿子说出来，而不是在心理默念，认为自己已经记下来就草草了事。

竞争中获得更多的空间

竞争最初的原因是为了争夺稀缺的资源，不过随着社会生活越来越丰富，争取社会地位、他人对自己的认同、实现个人的价值也成为竞争的原因。不过能够从竞争中胜出的人只是少数，这一点让很多人对竞争产生了恐惧心理。

恐惧竞争的人经受不住竞争的煎熬，很容易在竞争的一开始就退出，或者干脆不参与竞争。

王某在一个大型农贸市场占有一个卖蔬菜的摊位，在刚开始他的销量一直不错。不过后来在他的摊位附近又摆了几个摊位，这让他的客户流失了一部分。

由于各个摊位的蔬菜相差不大，其他摊位经常使用送零头的方式招揽顾客。王某认为自己的蔬菜价格已经很低了，没有使用变相降价的方式竞争，这让他的生意越来越不好了。几番思索以后，王某决定退出这个农贸市场。然而，在他退出以后，他的老顾客便想起他来了。

这些顾客之所以一度冷落王云的摊位，就是想货比三家。他们最后发现自己最初的选择没有错，想要继续买王某的蔬菜时，王某的摊位已经搬走了。王某害怕自己在竞争中不能胜出，于是做了退出这个错误的决定。其实他的蔬菜深得顾客喜欢，只要他坚持一段时间，定然可以从竞争中胜出。

逃避是恐惧竞争最直接的表现，有的人直接逃避，有的人则是为逃避戴上一个冠冕堂皇的帽子。这些人有着"自我优胜"和自命清高心理，一提到竞争和比拼时，就用"我才懒得和他们比呢，真无趣！"这样的话给自己找台阶下。

害怕竞争的人无法容忍他人的努力。一名销售员说："我一看到同事们打电话约客户时，就会感到虚弱和恐惧。大家平时相处得还不错，但一到工作上就'六亲不认'。我承认我就是见不得他们好，他们努力工作的表现让我感觉到自己受到了巨大的威胁。一想到我的业绩不如他们，我的心中就会一阵阵恐慌。"

恐惧竞争的原因无非有 3 种，一是害怕失败，看到别人从竞争中胜出，自己只有失败的下场。这样一些人在心理上无法接受，于是在竞争的最开始选择退出，或者带着惴惴不安的心情参与"角逐"。二是自卑，认为自己没有什么长处可以和别人比，也害怕比不上别人而被嘲笑。三是不懂得如何与人交流，也看不到竞争的积极作用，只能用逃避的方式自保。

不管我们喜不喜欢竞争，都必须面对它。我们改变不了竞争存在的事实，只能改变自己的心理素质，让自己在面临竞争的时候能够正视并且积极参与。

逃避是人们面对恐惧时的本能反应，因为人们潜意识认为自己所恐惧的事物是有危险的，并且可能给自己带来伤害，逃避是免除伤害最直接的方法。想要摆脱恐惧竞争的心理，首先应该将主观上加给竞争的危险帽子拿掉，多去发现竞争带来的好处。一般来说，物竞天择优胜劣汰促进了自然界和人类社会的进步。如果没有竞争，就不会有新的事物出现，人们可能保持着落后的生活、生产方式。从此可见，人们的生活、学习和工作都能从竞争中受益。

有的时候，竞争可能给人带来安全感，尽管这种安全感不太可靠，甚至是虚幻的，但却能让人心里感觉到充实。比如，当学生们都在准备优胜劣汰的考试时，他们处于竞争之中，并且能认识到自己在学习，这样就不会感觉到太空虚，认为自己虚度光阴的想法就不会那么强烈。当我们看到所有的人都在为了一个目标而努力的时候，就不会感到特别空虚，认为自己和大家一样在努力，会认为自己的所作所为是有价值的，此时我们都会感觉到踏实和安全。

只有恰当地评价自己和他人，才能认清彼此在竞争中的地位。有的人害怕竞争是因为对自己的评价过低，将自己划入在竞争中必然被淘汰的一员；有的人总是觉得别人将自己视为敌手，无故地提高了自己的地位。这些不切实际的想法只能让人们在竞争面前有逃跑的冲动。那些认为他人水平高、能力强，认为他们在想办法超越自己的想法，更是没有意义的担忧，只能为自己徒增烦恼。要想清楚一个问题：人外有人天外有天，有很多人比自己强；也有一部分人喜欢寻找一个"假想敌"，假想敌的一点异动都会让他感到寝食难安。我们需要做的是努力做好自己的工作，用欣赏的眼光看待比自己优秀的人，用敬佩的目光看待比自己刻苦、努力的人。即使这些人都是自己的对手，但他们不一定是自己的敌人。应该学会用宽广的胸襟容纳自己和他人，容纳竞争这种可以促进大家共同进步的交流方式。

在心理上接受竞争以后就需要融入竞争的氛围中了。不要害怕自己的实力不如别人，反而要将比自己强的人作为努力超越的目标。思考一下距离这个目标有多远，应该怎样努力达到。要敢于比较，有的友情甚至能从与人较量中产生，从而达到友情和事业的双丰收。不过在参与竞争时一定要使用良性竞争的手段，不要进行恶行竞争，不要嫉妒比自己强的人。此外，还要处理好竞争与合作、谦让的关系，不要让自己成为一个只顾利益，从不讲情义的利益至上无情无义的人。

遭遇推销恐惧，先勇敢走出第一步

推销人员需要用电话的方式或者实地走访的方式联系顾客，需要说服顾客购买自己的产品，他们经常被拒绝，以至于提到推销这个词，人们马上就能想到拒绝这个词。推销人员的任何一种工作都需要承受很大的压力，所以他们可能在推销的过程中或者推销还没有开始的时候就感到恐惧。作为一种谋生的职业，推销人员应该克服工作中产生的各种恐惧感。

一些推销员眼中的客户是非常丑陋的形象：不听推销员的

一句话就放冷眼，两句话没说完就开始拒绝，甚至恶语相向，有的客户还以刁难推销员为乐趣，经常无理取闹。如果在推销之前就做出这种估计，就一定带着偏见推销，可以想象以这样的心态推销，一定不会取得好效果。面对任何人都不应该戴着有色眼镜，最好应该想一想顾客对推销人员反感的真正原因是什么。要相信顾客不会没有任何理由就拒绝推销人员甚至不给好脸色看。

不敢开始是很多销售新手面对的问题。平时在家人朋友面前能够滔滔不绝地讲话，但面对顾客的时候就一句话都说不出来。有时候如果电话没有拨通，甚至还有"终于躲过去了"的想法，将没有拨通的电话也当作自己的工作业绩。这些做法反映出一种在推销还没有开始的时候就退缩的心态，就是在保护自己免遭拒绝。这也是一种想要开始但又不敢开始的矛盾心理。化解这种矛盾的方法是决心和坚持，也就是下定决心开始，同时还要忍受推销最开始时感觉到的不舒适感。为了能顺利打开犹豫的局面，可以从最擅长的地方开始，这样才能有信心做好后面的事。

自卑的销售人员总是习惯于将顾客的拒绝归结于自己不被顾客喜欢，同时习惯于夸大自己身上的缺点，对自己的长处却视而不见。摆脱因自卑而产生的推销恐惧可以从两方面来做，一是认清顾客的拒绝是没有针对性的。拒绝的对象不一定是某个推销人员，拒绝很可能是顾客面对任何一种推销形式或者任何一位推销员时的本能反应，因为他们每天都面对很多商业信息，久而久之就会感觉疲劳，当推销人员上门的时候，把人打发走是第一反应。当然也有一部分顾客拒绝的原因是他们当时有其他的事情忙而无暇顾及销售人员；二是相信自己能做好这份工作。在克服推销恐惧上，自信心要比提高销售技能更为重要。自信心让人无往而不利，当面临推销恐惧的时候，多想一想自己有哪些优势适合销售工作，相信凭借自己的努力一定能够打动客户，相信自己的工作是有价值的，能够为客户带来利益。

"厚脸皮"是每一位销售人员都应该具有的性格。有的人在被拒绝以后感觉到很"没面子"。如果抱有这样的心理，那么必然会走向幽怨和愤恨的极端。若是心中只想着被拒绝是一件丢脸的事，那么就难以进行第二次推销。不要让面子战胜理智。销售人员应该告诉自己：作为一名优秀的销售人员，我是不需要面子的。在面对令自己难堪的场面时，一定不要因为自尊而退缩。放下自尊和清高，所有的问题就可以迎刃而解了。练就一副厚脸皮需要不理会他人不善甚至恶意的言语，需要用锲而不舍的精神坚持推销事业。

害怕拒绝和失败是推销恐惧最直接的表现。这种不利于推销的心理需要用坚持不懈的精神和强大的心理素质来治愈。顾客可能在销售人员没说两句话的时候就挂了电话，也可能听到推销人员自报家门的时候就把门关上了。一次被拒绝以后，销售人员可能没有什么感觉，但是当被拒绝多次以后，就可能感觉挫败了。如果没有强大的心理承受能力，再次敲门或者再次拨打电话都是一件不容易的事。此时就需要强大的心理承受能力来救场了。这个时候不要抱怨顾客不好相处，不要把被拒绝看得特别严重，应该坦然地接受这次拒绝，同时还要鼓足勇气，并且心平气和地开始向下一个客户推销。要相信自己能够从被拒绝中学习到经验，而且能将这条经验应用到以后的工作中去。当再次开始新的推销工作时，试着想一想，如果这一次又被拒绝了，那将有什么后果。电话被挂断了就相当于这个电话没打，被顾客拒之门外就相当于重新站在门外。除了重新开始以外，被拒绝并没有带来其他坏处，最坏的结果不过是回到原点而已。接下来要做的就是用滴水石穿的精神拜访下一个客户，或者拨打下一个电话。

推销恐惧让人行动迟缓，甚至成为拖延症患者，总是为自己不敢付出行动找理由。第一次想要给客户打电话的时候想："客户现在应该很忙，我还是不要打扰他了吧。"过了一个小时又想到另外一个借口："已经到了吃饭的时间了，这个时候打电话不太礼貌，还是等一等吧！"两个小时以后，再次放下了刚刚拿起的话筒，心中想着："现在是午休时间，客户应该不会有时间接电话的。"……经过几次拖延，一天的时间过去了，电话始终没有打出去，每一次不能拨打电话的理由都是掩饰自己的恐惧。越是犹豫，恐惧感就越强烈。改变这种持久感到恐惧状态的方法就是立即行动。不断地暗示自己"长痛不如短痛"，趁早走出推销的第一步要比持续地生活在恐惧的阴影下好得多。

总而言之，克服推销恐惧的三大法宝是：果断、耐心、坚强。每一个开始都需要速战，立刻进入工作状态，决不能总是处于徘徊和过度思虑的状态。不管在推销中遇到什么样的委屈，都需要用强大的内心承受，同时还持久地坚持尝试和被拒绝。

做有担当的人，责任面前不恐惧

电影《摩纳哥王妃》中有一句经典台词：当你明白了你肩负的责任，恐惧将无处存在。有的人在听到责任两个字以后，就会感觉发抖，甚至有逃跑的冲动。人们之所以对责任产生恐惧，是因为如果他做出了一个需要负责任的决定，那么如果这个决定产生了让人不满意的结果，他就要受到谴责和惩罚了。推卸责任就是一种责任恐惧。

一般来说，责任恐惧完全是由于社会因素引起的。不过先天因素也是一部分原因。杰罗姆·卡甘是美国哈佛大学研究员，他的研究成果表明，有20%的人天生对新事物和令人不安的情绪感到敏感。这说明有的人天生就不适合接触新奇的事物或者面对紧张的情绪，他们自然属于不适合承担责任的那一类了。

责任恐惧感可能改变人们思维的反应速度，但不幸的是大部分人会因为责任恐惧而反应迟钝，只有少部分人在面临责任恐惧时思维敏捷。所以，我们经常看到在需要承担责任的时候，很多人都表现得惊慌失措、手忙脚乱、健忘、拖拖拉拉。

当人们意识到自己身上责任重大时，身体的一些生理指标可能发生变化。1969年7月，当宇宙飞船进入月球轨道时，一名登月宇航员的心跳是每分钟130次；当宇宙飞船着陆时，他的心跳达到了156次。正常人的心跳是每分钟77次左右。由此可见，人们深受责任恐惧的"折磨"时，心跳加快是身体本能的反应。另外，科学研究还发现，责任恐惧可能还会引发各种心脑血管方面的不适。

对责任恐惧的人大约都有这样一种心理：将面临的问题当作麻烦，这个麻烦一旦处理不好，就给别人斥责自己的机会。所以，为了不让自己落到被人指责的地步，最好离那些需要负责任的事情远一些。对责任有恐惧的人在工作中更愿意做一个执行者，不愿意做一个决策者或者领导者。正因为如此，他们可能失去了很多升迁、加薪的机会。因为机会是和挑战并存的，认为一件事情是祸害从而远离它，无形中也放弃了一个可能为自己带来利益的机会。

A 公司与 B 公司有一项合作项目搁置了几个月，原因是 B 公司该项目的负责人是一个十分苛刻的人，对所有公司的产品总是百般挑剔，对 A 公司自然也不例外。然而 B 公司一丝不苟的精神在业内也大受好评。在行业内，只要是与 B 公司这位负责人打过交道的人，都对 B 公司的精益求精深有体会，但他们与 B 公司合作的时候也感到头皮发麻。一次 A 公司的领导再次提起了这项合作，公关部的李主管听到以后，为了不让这件难缠的事落到自己身上，向领导请了几天的病假，希望能躲过去。当他在家休假期间，领导打电话告诉他这个项目交给了他部门的王助理。李主管想：反正责任不在我，就交给他吧。于是由王助理负责这个项目。过了几天，由于王助理缺乏经验，将这个项目彻底弄坏了。A 公司开始追究责任，李主管借病又请了几天假。领导看到李主管的态度，心中明了，他一直都在躲避这件事。从此以后，凡是重要的工作都不再交给李主管所在的小组了。

李主管的做法看似十分明智，巧妙地避开了麻烦，领导在追究责任的时候根本找不到他身上。实际上，他已经被领导划分为"不负责任""没有大局观"的一类人了，虽然这一次的事故没有他的错，但李主管却因此失去了以后的很多次能出业绩的机会。他一味推诿的做法实在是得不偿失。

一场前所未有的台风正在袭来，由于从未想到可能会遇到过这么强烈的台风，一个工厂的防风暴措施做得不到位，直接导致一台价值300万的检测设备被大雨淋坏了。按照一般惯例，在台风爆发期间，质检部都会安排人员值班，但此次台风实在过于强烈，值班人员在尽力挽回的情况下仍然让设备损坏了。工厂的领导认为这就是质检部的责任，没有做好应急工作。质检部的成员都认为自己已经按照规章制度办事了，规章中没有提到如何应对这种级别的台风，台风过于强烈是所有人都没有想到的事，属于不可抗力因素，设备损坏与他们无关。当质检部与公司领导僵持不下时，当天值班的孙质检员站出来说："那天是我在值班，没有保护好设备是我的责任，不过事情既然已经发生了，现在争吵也没有什么用处了。这种设备我经常接触，我有办法将它修好，不用公司损失300万，最多花几万块钱的维修费。"质检部的人认为有一个替罪羔羊出来真好。当领导听了孙质检员的话以后，觉得十分有道理，能在关键时刻勇于承担责任的人必然对企业有

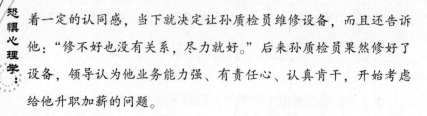

着一定的认同感，当下就决定让孙质检员维修设备，而且还告诉他："修不好也没有关系，尽力就好。"后来孙质检员果然修好了设备，领导认为他业务能力强、有责任心、认真肯干，开始考虑给他升职加薪的问题。

孙质检员在领导发火的时候没有想着怎样保全自己，而是迎难而上，利用这次机会，处理好一件对自己不利的事情，让领导看见了他较强的业务能力和勇于承担责任的品质。这次事故不但没有阻碍他事业的发展，反而成为他事业上的垫脚石。

从对待责任的不同态度上可以发现，摆脱责任恐惧的根源是不要将责任视为对自己的阻碍，而是想办法将它变成自己的助力。

拥有较强的责任心可以让我们在面对责任时，第一反应是避免不良后果，而不是怎样让自己免予被指责的境地。无论做什么事，尽职尽责都是最低的要求。

在切尔诺贝利核电站泄漏时，核电站内部有很多储备氢，如果有一处发生爆炸，那么整个核电站将要发生一波又一波的爆炸，那么爆炸和爆炸所引发的核泄漏将造成的后果，是任何人都无法想象到的。此时，原子能专家列利琴科跑进去，关掉了释放氢气的阀门，用氮气替换了氢气。他做出这个举动时，正在面临着核辐射，他最终也因为核辐射而殉难。

在面临责任时，如果有强烈的责任心，只关注可能受到什么伤害，就可能不做胆小鬼。想象一下，如果当时在场的人都想着如何逃跑求生，想着如何逃离后来的调查甚至审判，没有人换掉氢气，而氢气在最后爆炸了，那将是什么后果。责任心让人处事果断、自信，让人战胜了恐惧。想要在责任面前不做逃兵，就一定让自己拥有责任心，否则就要一直处于畏畏缩缩的状态。